你是否有以下煩惱

- ✓ 明明照著主管的指示去做，卻經常被說做得不對
- ✓ 每次提案都被上司打槍
- ✓ 被點到發言時老提不出好點子
- ✓ 工作老是出包被主管盯……

你的所有問題，
都可以靠 5W1H 解決！

5W1H 是最簡單、效果最強的商業架構！
本書帶你從具體案例，
親身體驗 5W1H 的驚人威力！

1 初階用法（提高日常業務的品質）

前輩臨時要你提出「會議摘要」，
簡陋的內容被嫌棄到不行...

會議摘要
【主題】
新服務的討論
【地點】
第 1 會議室
【會議內容】
討論本水族館的新服務
【方法】
所有人共同討論
Before
這真的很糟糕。
喜歡欺負後輩的職場前輩

以5W1H來檢視原本的「會議概要」，
就會發現內容不足之處。
（？＝缺少的內容）

新服務討論會議的概要

Why	目的、目標（成果）？	？
What	主題？	新服務的討論
When	舉辦時期、 頻率？	？
Where	舉辦地點？	第 1 會議室
Who	參加成員？	？
How	程序或準備、 作業的分擔？	所有人共同討論
How much	預算（費用負擔）	？

活用5W1H的重點：
〔彈性延伸〕+〔有效組合〕
原本被嫌棄的簡陋「會議概要」，
成為嚴格上司也讚美的周延計畫！

新服務討論會議的概要

Why	目的、目標（成果）？	提供有魅力、不同於其他水族館的新服務，創造差異性，增加來客數。
What	主題？	新服務的討論
When	舉辦時期、頻率？	下個月初舉辦第 1 次，之後每週固定舉辦 1 次。
Where	舉辦地點？	第 1 會議室
Who	參加成員？	娛樂企劃課的所有人，以及飼育或業務等部門的代表人。
	程序或準備、業的分擔？	所有人共同討論，決定提案。各部門間配合企劃進行最後調整。
	（費用負擔）	根據企劃內容調整預算的分擔。

After

（詳細說明請見本書第 1 章）

2 中階用法（創意發想、企劃提案）

發想新企劃的時候，
先以5W1H列出市面上已有做法。

	以往的做法？ 一般的做法？	相對概念	新的創意？	企劃主題
When	只有白天開館 假日為主 早上 9 點開館 花數小時參觀	←————→ ←————→ ←————→ ←————→		
Where	地上（蓋在有人住的地方） 都市／街上 人們固定會去的地方 人潮通行的場所（沿路）	←————→ ←————→ ←————→ ←————→		
Who	勞工世代為主 家庭客為主 小學生以上為主 日本客人為主 來館者 人看魚	←————→ ←————→ ←————→ ←————→ ←————→ ←————→		
Why	為了體驗刺激興奮的感受 純欣賞 「哇啊」很棒	←————→ ←————→ ←————→ ←————→		
What	多樣化的海洋動物 種類固定的海洋動物	←————→ ←————→		
How	邊走邊看 無餐飲服務觀賞	←————→ ←————→		

Before

逐項列出「完全相反」的做法，就能想出「與眾不同」的亮眼企劃案！

	以往的做法？一般的做法？	相對概念	新的創意？	企劃主題
When	只有白天開館	←——→	晚上開館	·夜間水族館
	假日為主	←——→	平日為主	·用於學習、工作的水族館
	早上 9 點開館	←——→	開到早上 9 點	·早晨充電水族館
	花數小時參觀	←——→	花數十分鐘參觀	·短暫打發時間的迷你水族館
Where	地上（蓋在有人住的地方）	←——→	海上或海中（蓋在魚棲息的地方）	·海中水族館
	都市／街上	←——→	鄉下／深山裡	·深山溫泉型療癒水族館
	人們固定會去的地方	←——→	水族館主動出擊（移動）	·移動水族館
	人潮通行的場所（沿路）	←——→	能夠停留的場所	·飯店水族館
Who	勞工世代為主	←——→	銀髮族為主	·釣魚解憂水族館
	家庭客為主	←——→	商務人士為主	·接待洽商用（附午餐）水族館
	小學生以上為主	←——→	乳幼兒為主	·提供遊樂場所的幼稚園水族館
	日本客人為主	←——→	國外客專用	·接觸日本海洋動物的水族館
	來館者	←——→	其他水族館	·提供介紹其他水族館的服務
	人看魚	←——→	人被看（下水游泳）	·和魚同游的泳池水族館
W[illegible]	[illegible]了體[illegible]刺激[illegible]	←——→	為了放鬆療癒	·舒壓水族館
	[illegible]	←——→	不只看，還能釣來吃	·現釣水族館
	[illegible]	←——→	「啊～」感動到想哭	·催淚故事水族館
Wha[illegible]	[illegible]	←——→	特定物種（水母、淡水魚、深海魚等）	·單一水族館
	[illegible]	←——→	包含動物、鳥類、菌類	·諾亞方舟館
How	邊走[illegible]看	←——→	邊搭乘邊看	·搭車探險水族館
	無餐飲服務觀賞	←——→	提供餐飲	·咖啡吧（立食）／俱樂部水族館

（詳細說明請見本書第 2 章）

3 高階用法（簡報發表、說服聽眾）

先把想做的企劃寫在最上面，
接著分出「應該做那件事的理由」和「做法」這兩項。

用於說明的 Why－What－How

What

玩透透！虛擬＆真實的水族館一日遊！
以水族館為舞台的24小時解謎大冒險！
（應該進行這個企劃）

Why	How
為何 要進行這個企劃？	如何 進行這個企劃？

用「Why-How金字塔」和3W，「說服」聽眾，消除對方疑慮，願意推動你的企劃！

應該進行這項企劃

- **Why**：為何要進行這個企劃？
- **How**：如何進行這個企劃？

- **Why-What**：為何是這個內容？
- **Why-What**：為何選擇這個目標？
- **Why-What**：為何是在這個期間、時間進行？
- **Why-How**：如何實行這個企劃？

3W（前三項 Why-What）

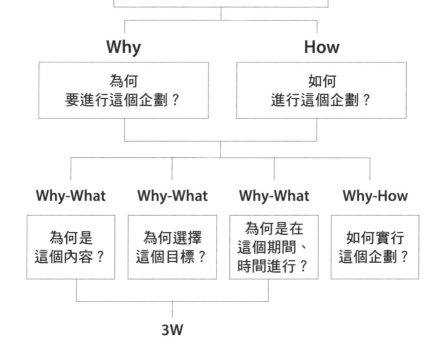

透過有趣的漫畫，一次掌握 5W1H 思考！

WHAT｜WHEN｜WHERE｜WHO｜WHY｜HOW

日常業務

創意發想

企劃提案

簡報發表

5W1H能夠幫你工作表現亮眼

5W1H 漫畫

マンガでわかる! 5W1H思考

超強思考術

你的所有問題，都可以靠5W1H解決！

野人家 194

5W1H 漫畫 超強思考術

マンガでわかる! 5W1H思考

你的所有問題，都可以靠5W1H解決！

作　者　渡邊光太郎
繪　者　汐田 MAKURA
腳　本　秋內常良
譯　者　連雪雅

社　長　張瑩瑩
總編輯　蔡麗真

責任編輯　鄭淑慧
專業校對　魏秋綢
美術設計　菩薩蠻數位文化有限公司
封面設計　萬勝安

社　長　郭重興
發行人兼出版總監　曾大福
出　版　野人文化股份有限公司
發　行　遠足文化事業股份有限公司
地址：231 新北市新店區民權路108-2號9樓
電話：(02)2218-1417　傳真：（02）8667-1065
電子信箱：service@bookrep.com.tw
網址：www.bookrep.com.tw
劃撥帳號：19504465 遠足文化事業股份有限公司
客服專線：0800-221-029
法律顧問　華洋法律事務所 蘇文生律師
印　製　成陽印刷股份有限公司
初　版　2019 年 7 月

歡迎團體訂購，另有優惠，請洽業務部（02）22171417 分機 1124、1135

國家圖書館出版品預行編目 (CIP) 資料

【漫畫】5W1H超強思考術：你的所有問題，都可以靠5W1H解決! / 渡邊光太郎著；汐田MAKURA繪；連雪雅譯. -- 初版. –
新北市：野人文化出版：遠足文化發行，2019.07
176面；14.8*21公分. -- (野人家；194)
譯自：マンガでわかる!5W1H思考
ISBN 978-986-384-354-2 (平裝)

1.職場成功法 2.思考 3.漫畫
494.35　　108007446

【漫畫】5W1H 超強思考術

線上讀者回函專用 QR CODE，您的寶貴意見，將是我們進步的最大動力。

前言

・明明很努力工作，卻老是被上司盯

・不知為什麼，同期或後輩的發展就是比自己順遂

・認真學習了不少東西，卻總無法活用或派不上用場

……遇到這些情況，還真是令人沮喪。

直到現在，我仍然無法忘懷當初那段苦澀的回憶。

那是我工作第四年的某天，公司內部的年輕職員要針對營運問題或對策向幹部做提案簡報。

我利用現學現賣的各種商業架構進行分析，自認做足了萬全準備。

滿身大汗做完簡報後，得到的回應卻是……

「你說了那麼多，卻讓人記不得你說了什麼耶。」

超殘酷的打槍！因為覺得太丟臉，簡報結束後，我在廁所裡整整待了一個小時。

這件事足以代表當時的我做事情總是徒勞無功。

時光荏苒，之後我成了企業經營顧問、商學院講師，接觸了各種思考工具與商業架構，學會了活用方法之後，終於做出了一定程度的成績。

假如能夠回到過去，我想去見見當時的自己，大聲對「那個我」說：

「先好好搞懂5W1H吧！只要學會這個就萬事OK了。」

「這年頭還提什麼5W1H？那種過時的東西會有幫助嗎？」也許有人會這麼想。

會有這樣的想法，代表你只察覺到5W1H思考術5%左右的力量。

只要懂得活用5W1H思考，就可以讓你平日的工作有令人耳目一新的亮眼表現，堪稱最終極的超強思考工具。

本書將帶領各位發掘5W1H尚未被活用的95%力量，以簡單易懂的有趣漫畫形式進行解說。

接下來請你跟著書中主角理惠，以探索新世界的期待心情翻閱本書，若書中的內容能為各位帶來助益，將是我無上的榮幸。

渡邊光太郎

5W1H

超強思考術

目錄

序章

5W1H讓你的工作與人生出現極大的改變！

第1章

5W1H思考術能幫助你提升工作品質

第2章

利用5W1H想出「與眾不同」的亮眼新提案

第3章

利用5W1H發表簡報，說服對方！

主要出場人物

木田敦弘（＝吉祥物「魚聞樂」）
（28歲）

水族館 SHINE SEA WORLD 的特約顧問，理惠的職場貴人。任務是改善水族館營運業務、增加來客數、提升獲利……等。超愛魚，經常戴著魚頭在館內走動。

深澤理惠（26歲）

水族館 SHINE SEA WORLD 娛樂企劃課的職員，工作年資四年。個性直率認真，行事卻有些冒失。最近對自己的工作能力失去信心，為此煩惱不已。

尾池宗政（35歲）

水族館 SHINE SEA WORLD 娛樂企劃課的課長，理惠的上司。對部下一視同仁，賞罰分明，是熱衷於工作的好上司。

小西俊輔（28歲）

水族館 SHINE SEA WORLD 娛樂企劃課的職員，理惠的前輩。對理惠説話總是不留情面，有時還會挖苦她。但其實是本性單純的年輕人。

序章

5W1H 思考
讓你的工作與人生
出現極大的改變！

水族館
「SHINE SEA WORLD」
SHINE SEA WORLD
散落
唉呀！
咦？
一地
對不起!!驚擾到各位!!
SHINE SEA WORLD
娛樂企劃課
深澤理惠
魚餅乾
深澤！妳這個資料是怎麼搞的!!

外的水族館
我之前不是叫妳幫忙把資料整理得簡單好懂一些嗎？
文字與資訊密密麻麻的
娛樂企劃課
課長　尾池宗政
那個……我還以為資訊多一點的話，課長您會比較方便判斷……
吞吞
吐吐
妳這樣根本只是複製貼上吧！
真的很抱歉
做事的時候要多動動腦!!
沮～喪
我明明花了很多時間努力整理……
該怎麼辦才好……？
水族館的歷史
嗚——

商業
能幹的人這樣想
商業架構講座
思考效率化
解決問題的方法
創意發想理論
我得先好好學習……
價值鏈分析
所謂的3C是
PEST分析
SWOT
商業架構完全講座
PLC
STP
4P
7S
AIDMA
PPM
AI
碎念
商業架構完全講座
這些全部記住的話，我就會變成
全部都難不倒我的
女強人了吧！
啊哈哈哈哈
碎碎念
碎碎念
商業架構完全講座
今日營業結束
謝謝光臨
SHINE SEA WORLD

為什麼我再怎麼努力，工作能力還是那麼差……
欸，
你說我該怎麼辦才好……？
稍微改變一下思考方式，說不定會有幫助喔。
什麼？
水母在跟我說話嗎？
驚呆
如果我能幫上忙的話，就讓我助YOU一臂之力吧。
嗯？
什麼？
!?

水族館
人氣吉祥物
「魚聞樂」
魚聞樂……？
YOU的煩惱其實是可以解決的唷。
走近
YOU……YOU……？

愈靠
等、等一下，
愈近
你別靠過來！
逼近……
脫掉
……你走開!!

閃亮耀眼的美男子
超愛魚的
水族館特約經營顧問
木田敦弘
我的天啊！
拿掉頭套後竟然是個天菜帥哥!!
是夢嗎?!
哈哈哈！抱歉抱歉，嚇到妳了吧。
啊……啊……
妳沒想到魚聞樂竟然是真人扮的吧？
磨蹭頭套
咦？
我……我想你是誤會了……

YOU有聽過「5W1H」思考術嗎？
欸嘿
他真的是說YOU……
哇 臭臉耶
……「5W1H」？
我記得以前上英文課好像有學過……
①When＝何時
②Where＝何地
③Who＝誰
④Why＝為何
⑤What＝做什麼
⑥How＝怎麼做
……是這個嗎？
沒錯！
YOU想要解決煩惱的話……

只要活用最簡單的終極思考工具
「5W1H思考」只要懂得使用它就萬事OK了！
人魚之舞
！
……你的意思，是我要多多加強英文嗎？
NO！NO！
我的英文也很差……
不是加強英文，而是活用「5W1H」思考術，
When
Where
Who
Why
What
How
學會靈活運用這6個魔法工具！

那麼厲害的工具……
像我這樣的人真的能夠學得會嗎……？
沒問題的！
——我也可以學會……
好吧！我要徹底改變！
我想學那個思考工具，請你教教我！
我很～樂意！

利用5W1H讓工作更得心應手

每天都很認真工作，成果卻總是差強人意……

「我明明認真思考過了，還花了時間盡力去做，為何事情的進展總是不如預期呢？」相信應該有不少人和本書主角理惠有著同樣的煩惱吧。

接下來，請你靜下心來檢視自己，是否有以下的問題呢？

- 工作老是出包被主管盯……
- 明明照著主管的指示去做，卻經常被說做得不對
- 對自己工作的方式沒有信心
- 被點到發言時老提不出好點子
- 每次提案都被上司打槍

你符合了幾項呢？

其實，以上都是多數上班族每天都在煩惱的事。無論是新進公司不久的菜鳥，或是三、四十歲已有相當資歷的老鳥，不少人都有以上的煩惱。

「我的知識、經驗比其他人少……」

「我得再加把勁學習才行！」

不光是此刻正在閱讀本書的你，其實有很多人都對自己的工作方式或流程感到

不安或焦慮。

想在工作上拿出好成績，只憑蠻力是無法成功的。在做任何工作之前，你必須精準掌握眼前的狀況，建立一套有效的思考模式，三思而後行。

這時候，「**5W1H**思考」就能夠派上用場。

不須使用艱澀困難的思考工具

「5W1H」是適用於任何工作的思考方法。懂得活用這個工具，你每天的工作就會有截然不同的亮眼表現。

不過，聽到我在研習會上這麼說，還是有不少人感到擔心。例如：

「工作能力強的同期做簡報時，都是用3C[1]或4P[2]、價值鏈[3]等各種流行的分析方法，感覺很厲害。只用5W1H這種簡單的方法能夠贏過那些優秀的人嗎？」

我懂這樣的心情。

但是，那樣的擔心是多餘的。

的確，那些分析或思考工具用來整理、擴展或歸納思緒的確是強而有力的武器。正確且適當地使用，就能成為深入思考的可靠幫手。

可惜的是，在我見過的諸多商務人士中，能夠有效活用那些方法實際做出成果的人，其實少之又少。

因為對自己的工作方式感到不安，不少人會像本書的主角理惠一樣，認為「我得先好好學習才行」，跑到書店買了一堆專門的商管書研讀。

可是，光是看書自學，很難真正學到箇中精髓。還沒等到你學會在工作上活用這些技巧，就已經把自己搞到筋疲力盡了。

既然如此，不如利用已知的「5W1H」提升每天的工作表現，才是事半功倍的捷徑。

況且，「5W1H」沒有世代隔閡，不受組織或業種、國家限制，任何人都做得到，看似簡單，卻能根據不同問題或狀況靈活地應用，堪稱最強思考工具。

1 日本管理大師大前研一在其著作《企業參謀》提出的方法，代表制定策略的三要素（3C）：顧客（Customer）、企業（Company）、競爭對手（Competitor）。

2 4P理論是行銷學大師傑羅姆．麥卡錫（E.Jerome McCarthy）所提出，分別指產品（Product）、價格（Price）、通路（Place）、推廣方案（Promotion）這四個行銷關鍵要素。

3 value chain，又名價值鏈分析、價值鏈模型，這是麥可．波特（Michael E. Porter）教授在其著作《競爭優勢》中提出的觀點。他指出企業要發展獨特的競爭優勢，要為其商品及服務創造更高的附加價值，商業策略的目的是讓結構企業的經營模式（流程）成為一系列的增值過程，而此一連串的增值流程，就是「價值鏈」。

厲害的人，思考的基礎都是5W1H

「不過，光靠5W1H能夠做到什麼？」

「那真的對我的工作會有幫助嗎？」

不少人或許都有這樣的疑問。通常用於工作的思考工具大約20種，依用途區分使用，數量大概就是這麼多。

但是，即便是能夠活用這麼多思考工具的優秀商務人士，工作上要整理思考的重點時，使用的還是5W1H的基本思考。

他們將**5W1H**的When、Where、Who（Whom）、Why、What、How（How much／How many……）分成「時間．過程軸」、「空間．場所軸」、「人物．關係軸」、「目的．理由軸」、「事象．內容軸」、「手段．程度軸」等幾大概念，藉以擴展視野，預防疏漏，靈活自如地使用這個思考工具。

只要能夠徹底活用**5W1H**思考，除了日常業務的整理或檢視，還能用在解決問題、發想創意、發表簡報或新事業的提案……等，不分業種或職種，任何人都能立刻提升工作品質。

下章將透過本書主角理惠的日常生活，為各位介紹**5W1H**思考的具體使用方法。

本章重點整理

- 不須使用艱深的思考工具。
- 5W1H能讓你的工作有截然不同的亮眼表現。
- 從日常業務到發表簡報皆適用。

第1章

5W1H思考術能幫助你提升工作品質

海月水母不管什麼時候看都好美。
是啊……看了很療癒。
水母看似「漂游」在這片藍色宇宙，其實那不是「游泳」，而是讓體液循環的動作……
真的好有趣。
因為水母是浮游生物嘛。

……YOU也正在深海裡漂游吧。
……我已經不知道該怎麼做才好，完全沒有頭緒。
可以把右手借我一下嗎？
咦……

？？？
原來如此，YOU的煩惱是……
工作總是不順，
就連上司要求調查的資料也整理不好。
花很多時間思考，卻總是被罵沒在動腦子。
我都已經卯足全力拚命了
還是到不了
終點
很努力做事，到頭來卻是白忙一場。
……牠們是這樣告訴我的，說對了嗎？
欸？水母牠們怎麼會知道？
水母說了那些……？真的嗎……

賓果！被我說中了吧？
笑咪咪
賓果……
為什麼從剛剛就一直穿插老派的哏……
如果能和水母對話一定很有趣，其實是因為這樣啦。
啊……都被你聽到了。
真抱歉，但我確實都聽到了。
哎呀哎呀
沒關係，反正大家都知道我沒用。
沮喪
回到正題吧……
要想解決YOU的煩惱，首先，必須思考「事情的本質」。
本質？

「做這件事的目的是什麼？」
YOU要經常去想這件事！
「目的是什麼」……？
「Why？」也就是「為什麼？」
做任何事都有做那件事的「理由」，
那個「理由」也就是行動的「本質」。
是喔……
想想看，課長要求YOU整理資料的「本質」是什麼？
課長的要求的「本質」……

課長的要求是「把資料整理得簡單好懂些」，
「把資料整理得簡單好懂些」
這麼做的理由是？
我想要容易判斷的資料
這麼做的理由是？
國外的水族館和我們的水族館有何不同？
這麼做的理由是？
開發新服務，吸引更多客人上門
就這麼做吧！
說不定這才是最終理由！
也可以想成是這些意思吧？
好厲害！
我完全沒想到這裡……
只要掌握本質，工作的品質就會有顯著的改變。
在這個時代……
開機

任何人都能輕鬆獲得「答案（資訊）」。
不過，那樣的話！
流行
當地美食
股價　企業資訊
人口動態
超簡單食譜
不同年
海外各國
秀出
鯒魚（又稱牛尾魚
新鮮貨!!
身體扁平有大鰭
咚
不對！
那樣的話，無法創造「新價值」※!!
價值
新價值……
最重要的是，
創造這個「新價值」的源頭……
也就是說，
※日文中的「鯒魚」（KOCHI）發音類似「價值」（KACHI），此處為諧音哏。

能夠引導出和別人不同「答案」的
記好!!
「本質性問題」
就是這個!!
比起答案更重要的是問題……
原來如此！
現在想想，我總是立刻就想尋找答案……
……不過，要找到那種問題，對我來說太難了。
看樣子我還是辦不到……
所以YOU才需要那個啊！
那個？
也就是能夠幫助你想出好「問題」的法寶。
那個就是……

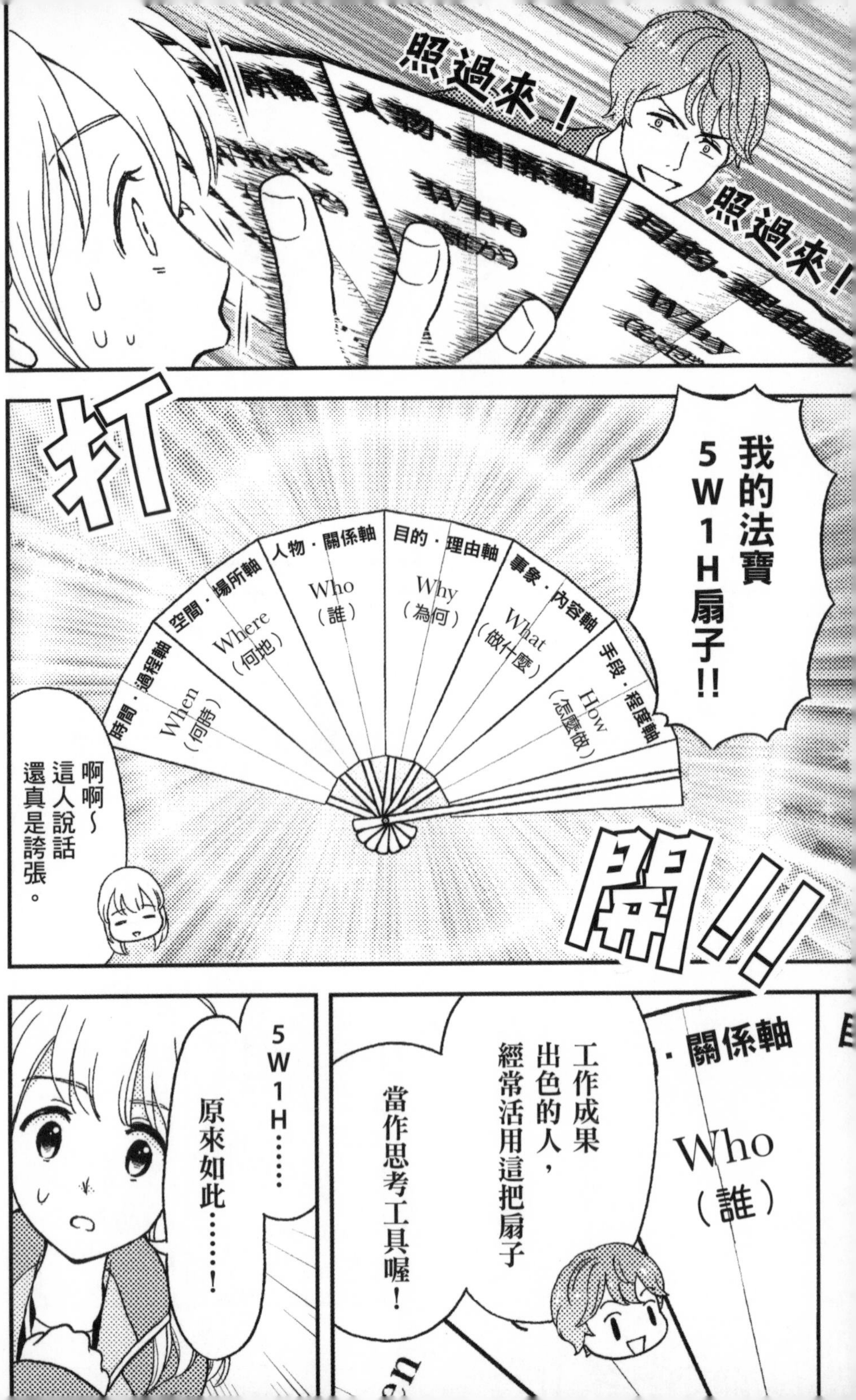
照過來！
照過來！
打
我的法寶5W1H扇子!!
時間・過程軸
When（何時）
空間・場所軸
Where（何地）
人物・關係軸
Who（誰）
目的・理由軸
Why（為何）
事象・內容軸
What（做什麼）
手段・程度軸
How（怎麼做）
開!!
啊啊～這人說話還真是誇張。
工作成果出色的人，經常活用這把扇子當作思考工具喔！
・關係軸
Who（誰）
5W1H……
原來如此……！

思考事情的時候，首先……
收起
擴展你的視野！
打開
時間・過程軸
空間・場所軸
Where（何地）
人物・關係軸
Who（誰）
目的・理由軸
Why（為何）
事象・內容軸
What（做什麼）
然後從具體的事往抽象的事深入思考！
記住
具體的事
抽象的事
像這樣探求事情的本質！
本質
了解～
請好好使用這把扇子，學會5W1H超強思考術喔！
好的今天非常感謝你!!

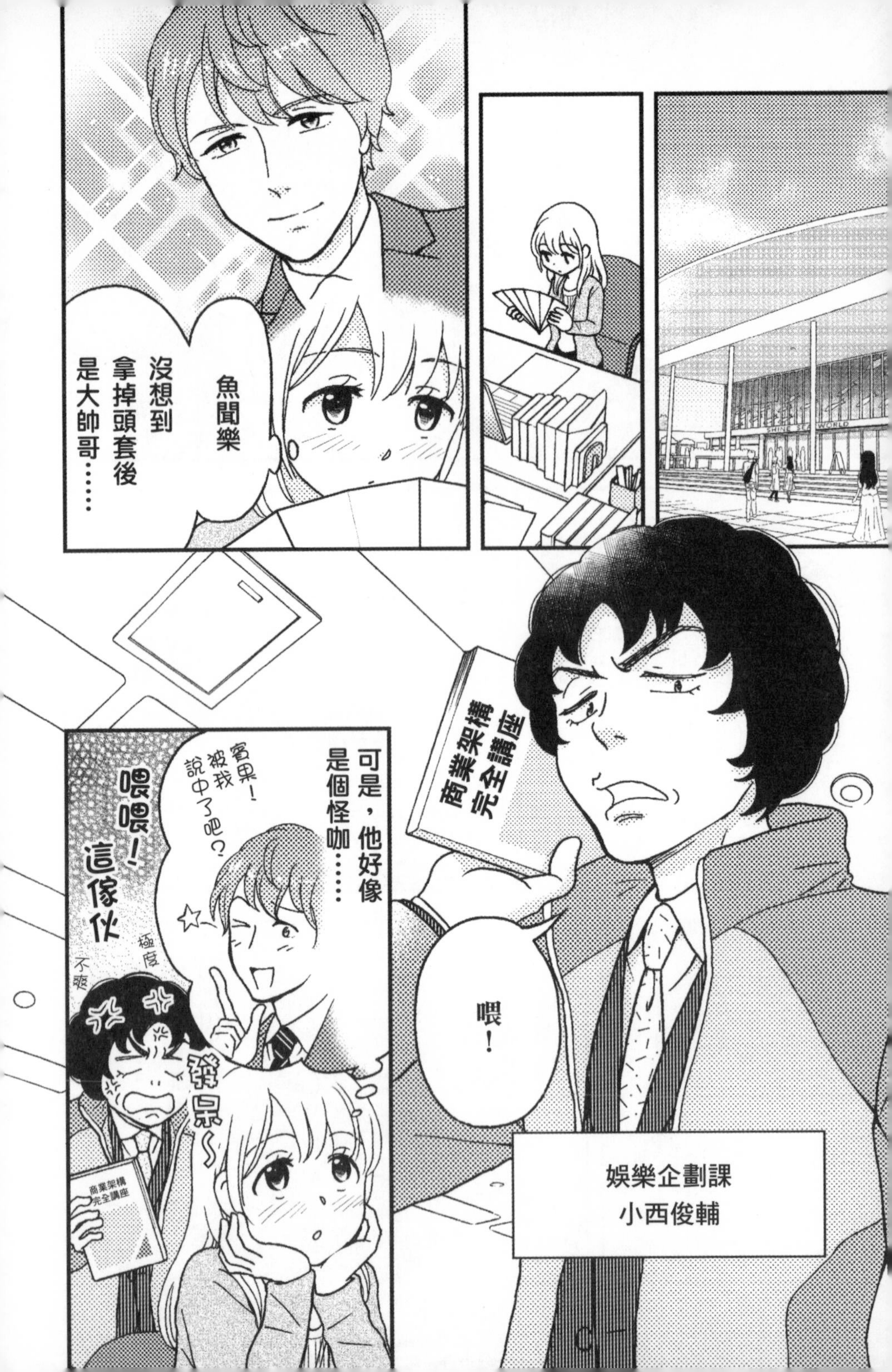
魚聞樂
沒想到
拿掉頭套後
是大帥哥……
商業架構完全講座
喂！
娛樂企劃課
小西俊輔
可是，他好像是個怪咖……
賓果！被我說中了吧？
喂喂！這傢伙
極度不爽
發呆～
商業架構完全講座

喂！
抓
欸？
人物·關
往
Who
啊!!
很抱歉，請問有什麼事？
收起
上班時間妳在給我發什麼呆啊！
真的很抱歉！
真受不了！工作能力越差的人就越是悠哉啊～
受～不了
敗給妳了～
我知道錯了真的很抱歉
垂頭喪氣
我說，妳聽好，再過幾天我們課裡要開新服務的討論會議。

臭臉
會議摘要妳來做，
明天之前要做好！
明天?!
總之，下班前我會來跟妳確認進度。
等等……
不知所措
明天……
哪來得及？
怎麼辦才好……
……啊，對了
這時候可以……
打開
物・關係軸
Who
（誰）

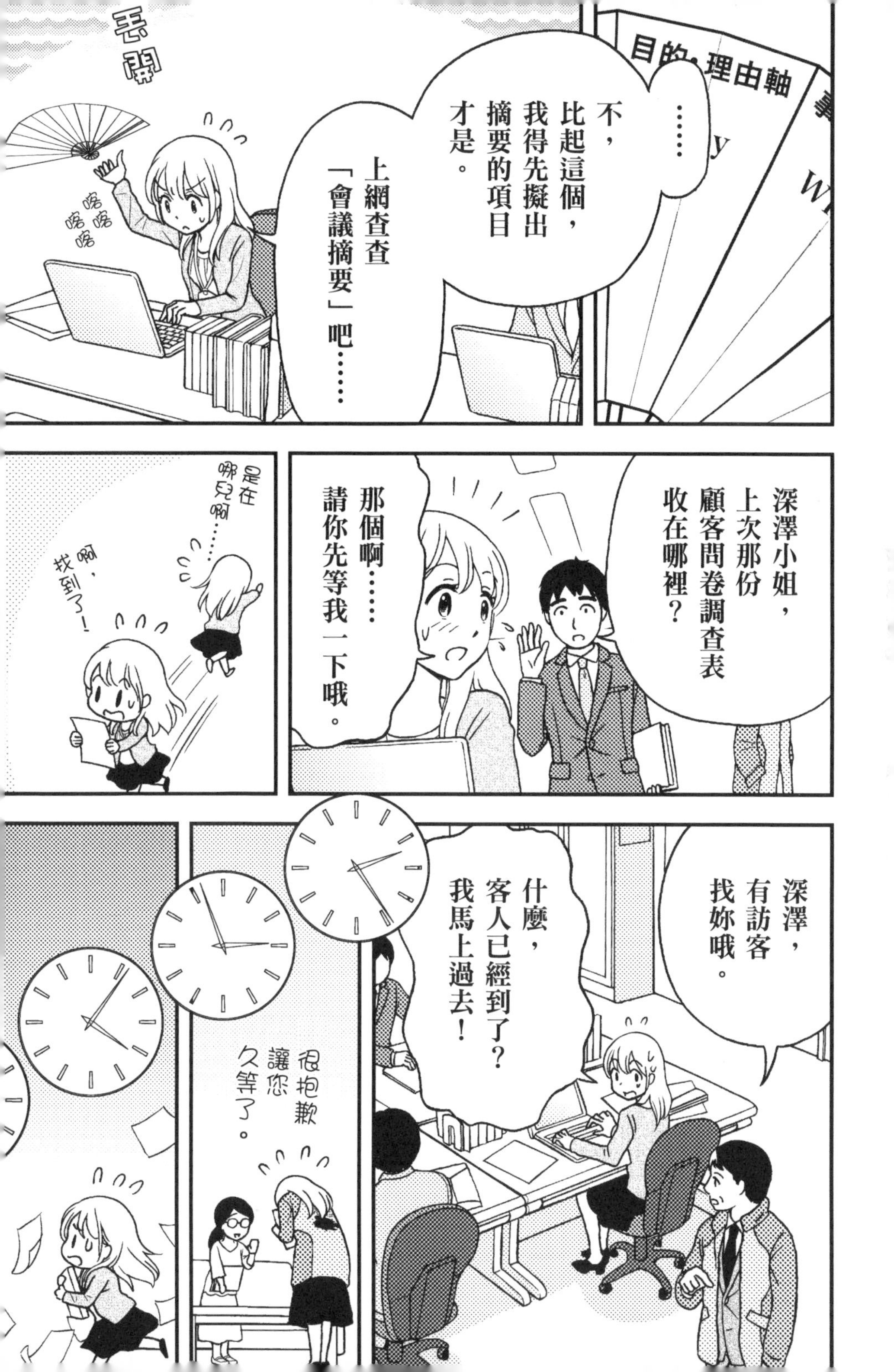
目的・理由軸
……
不，
比起這個，
我得先擬出
摘要的項目
才是。
上網查查
「會議摘要」吧……
喀喀
喀喀
深澤小姐，
上次那份
顧客問卷調查表
收在哪裡？
那個啊……
請你先等我一下哦。
是在
哪兒啊……
啊，
找到了！
深澤，
有訪客
找妳哦。
什麼，
客人已經到了？
我馬上過去！
很抱歉
讓您
久等了。

相當不爽
深澤……
會議摘要
主題：新服務的討論
地點：第1會議室
會議內容：討論本水族館的新服務
方法：所有人共同討論
這是什麼東西？
……這是那個……會議的……摘要。
妳是在開什麼玩笑啊!!
我的天啊
我沒有在開玩笑。

我已經告訴課長明天要交給他了耶！
明天交的話，我可以再增加一些內容……
我可不是在開玩笑，這個真的很糟糕。
SHINE SEA WORLD
這樣的話，你自己做不就好了……
碎念
什麼？妳剛剛說什麼？
妳給我說啊？
沒事！
給我聽好，明天一定要給我做出架構完整的會議摘要!!
一定要!!

無——力
完蛋了……
我該怎麼辦……
所有人共同討論
架構是什麼啦！
我根本不知道……
主題：
會議摘要
既然這樣的話……
東奔
西跑
找到了！

救星出現了
飛
魚聞樂~幫幫我!!
撲
咦?
發、發生什麼事了?
請你幫幫我!!

會議室
那麼，可以讓我先看一下妳做的摘要嗎？
你、你的……頭套……
嗯？
哦！
脫下

哈哈，我都忘了自己戴著頭套。
耀眼閃亮
沒關係。
現在是營業時間，如果拿掉頭套，很有可能會被客人看到。
對哦，說得也是，給你添麻煩了。
讓我看看喔……
會議摘要
主題：新服務的討論
地點：第1會議室
會議內容：討論本水族館的新服務
所有人共同討論
……原來如此，
基本方向看起來是沒問題。
呼
太好了。
不過，妳得再寫得更詳細一點。
這時就要用5W1H！
一起用5W1H來重新整理吧！
會議摘要
主題：新服務的討論
地點：第1會議室
會議內容：討論本水族館的新服務

新服務討論會議的概要

Why	目的、目標（成果）？	？
What	主題？	新服務的討論
When	舉辦時期、頻率？	？
Where	舉辦地點？	第1會議室
Who	參加成員？	？
How	程序或準備、作業的分擔？	所有人共同討論
How much	預算（費用負擔）？	？

最後要加上「預算」這個項目。

像這樣把內容套入5W1H之後，
就會發現YOU的摘要裡缺少了「？」的部分。
真的耶！
以後思考事情的時候，
要養成先用5W1H的習慣喔！
好的！

讓我們看看這裡。
務討論會議的概要
終點（成果）？
主題？
時期、頻率？
地點？
參加成員？
首先，會議最重要的「Why」漏掉了，而且突然從「What」開始。
是我疏忽了……
想一想這個會議的「Why」，也就是目的或目標（成果）是什麼？
「新服務的討論」本身，應該不算是「Why」對吧？
聽你這麼一說……好像是這樣。
如果用5W1H來思考，
一開始就能俯瞰整體，自然就能避免疏漏出現喔！
哪裡漏掉了一目瞭然！
議的概要
原來如此～
參加成員？
那麼，接著來看看活用這個工具的幾個重點吧！

活用5W1H的
2大重點
步驟1：如何靈活地「延伸」問題？
步驟2：如何有效地「組合」細節？
重點就是這兩個！
「靈活延伸」和「有效組合」……
如何快速準確地套用5W1H思考事情，
這就是問題的關鍵所在！
嗯嗯。
接下來，我們一起逐項檢視吧！

① 如何靈活地「延伸」問題？

	基本問題	應用
when 時間·過程軸	何時？何時開始、到何時為止？ 大概要多少時間？怎樣的過程？	時間、時期、期間、交貨期限、時程（日程）、頻率、速度、（歷史的）經過、過程、順序等
Where 空間·場所軸	何地？	場所、位置、職場、場合、市場、銷售管道（途徑）等
Who 人物·關係軸	誰？對象是誰？和誰一起？ （包含 by who/to who/with who/whom 等）	中心人物（負責人）、組織、團體、職務、人數、對象、顧客（市場）目標、協力者（夥伴）等
Why 目的·理由軸	為何？為了什麼？	目的、終點、應有的態度、目標、價值、事情、意義、背景、理由、原因、不易看到的東西（本質、心）等
What 事象·內容軸	做什麼？	內容、主題（課題）、要做的事、對象物、容易看到的東西（現象、形體）等
How 手段軸	怎麼做？	實行手段、方法、步驟、技巧、媒體、事例、狀態等
How much 程度軸	多少？哪種程度？ （包含 How many 等）	程度、次數、數量、價格、預算、實績、費用等

何時？
到何時為止？
大概多少
何時開始？
速度
時間
日期
期限
時期
看看這張圖，從「When」（何時）這個基本問題，
能像這個樣子不斷變化出許多問題。
像是時間、期間、頻率、速度、過程、經過、順序……
如此一來就能套用在眼前發生的各種情況囉！
對耶……
像這樣思考事情很棒呢！
接下來是，把延伸出來的問題……
抽出

② 如何有效地「組合」？
試著自由「組合」，擴展妳的發想吧！
秀
主題
（What）
實施期
（When）
出
哇啊！你好像賭神！
把步驟1延伸出來的各種問題，
抽出
公司的方針
公司的方針
依據不同情況靈活地組合的話……
排列
公司的方針
任務願景
（Why／以什麼為目標）
範圍
（Where／事業領域）

公司的方針
任務願景（Why／以什麼為目標）
範圍（Where／事業領域）
推行步驟（When／以怎樣的時間步驟推行）
市場、競爭（Who／鎖定誰、與誰競爭）
戰略（What／以什麼為武器、是否擁有優勢）
這樣就能避免遺漏，產生新的發想！
好棒喔！
既然懂了，那接下來讓我們挑戰剛剛的課題吧！
好的！

這次為什麼需要舉辦這場會議……
完成了！

「新服務討論會議的概要」

Why	目的、目標（成果）？	提供有魅力、不同於其他水族館的新服務，創造差異性，增加來客數。
What	主題？	新服務的討論
When	舉辦時期、頻率？	下個月初舉辦第 1 次，之後每週固定舉辦 1 次。
Where	舉辦地點？	第 1 會議室
Who	參加成員？	娛樂企劃課所有人，以及飼育或業務等部門的代表人。
How	程序或準備、作業的分擔？	所有人共同討論，決定提案。各部門間配合企劃進行最後調整。
How much	預算（費用負擔）	根據企劃內容調整預算的分擔。

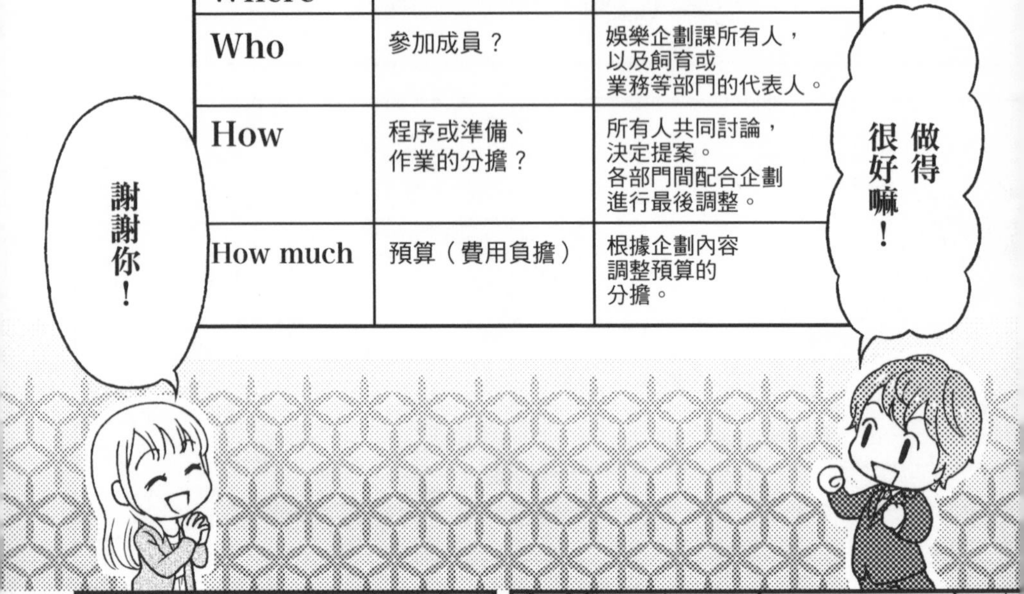
做得很好嘛！
謝謝你！

怎麼樣？5W1H思考很好用對吧？
真的！
而且，
就連我也能輕鬆上手……！

以後也要
用5W1H思考
激發新點子喔！
嘿～
記住唷!!
好好好
謝謝你，
魚聞樂……

採取行動前先思考「這項工作的目的是什麼？」

明明照著上司的吩咐去做，還是被說做得不對。重做了好幾次，工作始終做不完。

這時候，請冷靜下來，做個深呼吸。然後，試著想一想：「這項工作的目的是什麼？」

好比理惠的例子，課長告訴她：「把資料整理得簡單好懂些。」那是什麼意思呢？只要你先思考「這麼做的目的是為了什麼？」自然就會明白應該怎麼做。

製作資料的目的為何？

課長

為了在短時間內做出判斷 → **希望資訊整理得淺顯易懂**

理惠

為了仔細討論後做出判斷 → **收集大量的資訊**

課長的意思其實是「為了在短時間內做出判斷，希望將資訊整理得淺顯易懂」。

這麼一來，理惠「為了可以仔細討論後做出判斷，先收集大量資訊吧」的一番用心，就不符合課長的期望了。

對照上圖就會知道，兩者之間的「目的」有多大的差異。

不只是理惠的例子，任何工作基本上都是如此。行動前先思考「為了什麼而做？」＝「Why（為何？）」就會發現工作原本的目的，自然不會偏離應該做的事，工作也能順利地進行。

養成先思考的習慣後，你就能理解工作原本的目的或本質，提升工作的品質，做出皆大歡喜的成果。

利用5W1H避免工作發生疏漏

想讓工作順利進行，事前思考「這項工作的目的為何？」非常重要。

為了深入思考這個問題，並且採取具體行動，最方便的思考工具就是**5W1H**。思考「為何而做？」之後，接著是「何時？」「何地？」「誰？」「做什麼？」「怎麼做？」……像這樣整理思緒，不僅容易發展創意，也能俯瞰整體，避免疏漏發生。

如果不使用**5W1H**檢視，就會像理惠一開始提交的會議摘要那樣漏洞百出。

其實，不僅是尚未進入狀況的菜鳥，許多職場資深老鳥在做事時也經常依賴直覺或經驗。切勿輕忽大意！

請各位試著用5W1H思考自己的工作。說不定就會察覺以往沒想到的重要事情、應該提前準備的事或該做的事，有各種驚喜的新發現呢。

面對工作時，你是否「欠缺考慮」？

新服務討論會議的摘要（概要）

主題：新服務的討論

地點：第1會議室

會議內容：討論本水族館的新服務

方法：所有人共同討論

⇩

Why	目的、目標（成果）？	?
What	主題？	新服務的討論
When	舉辦時期、頻率？	?
Where	舉辦地點？	第 1 會議室
Who(m)	參加成員？	?
How	程序或準備、作業的分擔？	所有人共同討論？
How much	預算（費用負擔）	?

? ＝疏漏的部分

透過「5W1H 思考」，問題一目瞭然！

徹底活用5W1H的訣竅

視野廣闊，思考能力能夠觸及本質的人，腦中已內建**5W1H**思考模式，隨時都能備妥適切的問題（論點、項目）。

他們不會隨便想到什麼就說什麼，而是靈活自如地利用**5W1H**「擴展思考，鎖定方向並深入論點」。

那麼，想在平時的工作中活用**5W1H**應該怎麼做呢？這其實有訣竅。

關鍵在於，如何將眼前的事物快速準確地套用**5W1H**思考。這時，請記住以下兩個重點：

①如何靈活地「延伸」問題？

以「When（何時？）」為例，由此延伸出「從何時開始？」「到何時（為止）？」「經過怎樣的過程？」等其他問題，藉以思考時間、期間、頻率、速度、過程、經過、順序等各種事項。

②如何有效地「組合」？

以企劃立案為例，有效地組合目的或背景（Why）、主題（What）、成員或協力者（Who）、時程（When）、實施場所（Where）、步驟或程序（How）、預算（How much）等項目，討論起來更有效率。

若是市場戰略，就可以針對行銷目標（Why）、實施期間（When）、目標顧客

（Who）、製品或服務（What＝Product）、銷售管道（Where＝Place）、廣告宣傳手段或媒體（How＝Promotion）、價格（How much＝Price）進行討論。

像這樣子，**5W1H**的優點能夠活用於工作上的各種情況。「靈活延伸」、「有效組合」When、Where、Who、Why、What、How 這些要素，思考的精準度或次元就會大幅改變。

請參考漫畫中的事例，試著用**5W1H**論點來鍛鍊思考能力。這麼一來，當你遇到突發狀況時，必要的論點就會快速浮現在腦中。

不同情況下的 5W1H 組合範例

主題	企劃提案報告	市場攻略、戰略（行銷）	企業方針
Why（為何）	目的、背景	行銷目標	任務願景（以什麼為目標）
What（做什麼）	主題	製品、服務（Product）	戰略（以什麼為武器／是否針對優勢）
Who（誰）	成員、協力者	目標顧客	市場、競爭（鎖定誰、與誰競爭）
When（何時）	時程	實施期間	推行步驟（以怎樣的時間步驟推行）
Where（何地）	實施場所	銷售管道（Place）	範圍、事業領域（在哪個領域競爭）
How（怎麼做）	步驟、程序	廣告宣傳的手段、媒體（Promotion）	戰術、對策（具體的行動）
How much（哪種程度）	預算	價格（Price）	—

本章重點整理

- 先思考「這項工作的目的是什麼（Why）？」
- 利用5W1H避免工作的疏漏
- 「靈活延伸」＋「有效組合」5W1H的項目

第2章

利用5W1H想出「與眾不同」的亮眼新提案！

第一次
新服務
企劃會議
現在發今天的
資料給各位。
人氣水族館的
企劃一覽
瓦倫西亞海生館
（西班牙）
主題：
攬客：
溫哥華水族館
（加拿大）
主題：
攬客：
田納西
（美國
主題：
深澤，
資料整理得
很好喔。
謝謝課長！
咕
那麼
就準備開始吧。

有特色
獨特性
根據調查的結果，特色明顯的水族館能夠吸引較多的客人上門……
……因此，我們也想提供具有本館特色的新服務。
……那麼，下週請大家各自提出企劃案。
是！
一個人最少5個喔。
什麼？
5個……！

SHINE SEA W
海獅
今天的海獅比平常頂得更～久喔！
掌聲不絕於耳
好棒
新型態的海洋動物表演也許是個好點子……
有什麼動物還沒表演過嗎？
狂噴水
要聽指示。別亂噴~
嗯~鯨魚……可以嗎？
學會才藝之前，要花多少時間和錢呢……
掌聲不斷
爆滿人潮

好可惜！
生物展
協贊單位：關東動物園
新觀點的展覽活動似乎也不錯呢。
接著是……
SHINE SEA WORLD
幕後之旅
幕後之旅的體驗活動也能列入考慮……

時間・過程軸
When
（何時）
空間・場所軸
Where
（何地）
人物・關係軸
Who
When
Where
Who
Why
What
「When」
何時……
春夏秋冬
哪個時期
比較好呢？
「Where」
何地……
大水槽
幕後
展示區域
好可惜！
生物展
在館內的
哪個區域
進行呢？
「Who」誰……
客人……是
男性？女性？
年輕男性
女性
銀髮族
兒童
嗯……
兒童族群的
商機也很大。
「Why」（為何）
為了創造差異性，
必須構思
不同的企劃。
「How」（怎麼做）
這個部分則配合
內容改變……
……

企劃名稱
5W1H
①
在浪漫的春天相遇
喜歡魚
男生女生配！
春天、大水槽前、單身男女
為了增加喜歡魚的人，辦聯誼
抽選方式？
②
趕走夏日暑氣
好涼快
水槽悠游！
夏天、戶外瀑布、兒童
為了避暑，
穿泳裝玩水
③
食欲之秋
海洋生物吃什麼？
猜謎大會！
秋天、全部的水槽、所有世代
讓大眾親近海洋動物，
玩猜謎遊戲，在水槽貼問題
④
冬天冷颼颼
坐在暖爐桌賞魚！
冬天、戶外、任何世代
享受非日常的體驗，坐在暖爐桌
欣賞魚，時間制？
⑤
隨時都能舉辦
畫企鵝高手
繪畫比賽！
所有期間，館內任何地方，
讓大眾喜歡海洋動
以郵寄方式收件
完成了！大概就是這些了吧。
哎呦，妳寫了不少嘛。
抽走
啊！還給我……
前輩不能確認後輩的資料嗎？
怎樣？
沒有……
……不錯嘛，妳寫得很好啊。
欸？是誇獎我嗎？
期待妳的發表喔。
被小西前輩誇獎了。
我的企劃應該真的很不錯吧？

第二次
新服務提案
企劃會議
……以上就是我的企劃案。
企劃名稱
5W1H
在浪漫的春天相遇
喜歡魚
男生女生配！
春天、大水槽前、單身男女
為了增加喜歡魚的人，辦聯誼
抽選方式？
趕走夏日暑氣
好涼快
水槽悠遊！
③
食欲之秋
海洋生物吃什麼？
猜謎大會！
④
冬天冷颼颼
坐在暖爐桌賞魚
⑤
隨時都能舉辦
畫企鵝高手
繪畫比賽！
聽起來大家的提案都差不多，
目前為止還沒有人提出和我類似的內容。
太好了
小西換你。
好的。
小西前輩會提出怎樣的企劃案呢？
我想到的第一個企劃案是……

讓喜歡魚的人
互相認識的企劃
「喜歡魚
男生女生配！」
什麼?!
怎麼會……
和我一樣？
他抄襲
我的企劃……！
企劃名稱
① 在浪漫的春天相遇 喜歡魚 男生女生配！
② 趕走夏日暑氣 好涼快 水槽悠游！
③ 食欲之秋 海洋生物吃什麼？ 猜謎大會！
下一個是消暑企劃
「好涼快的
水槽悠游」……
這也是……！
我該怎麼辦？
這樣下去，
輪到我發表的時候，
不就一模一樣了。
我得想想其他
的點子……
怎麼辦？
怎麼辦？
深澤
換妳。
糟糕了……
好，好的。
竊笑

腦筋一片空白
……………
深澤，妳怎麼了？
深澤！
回神
很抱歉！那個……我的……
……猜謎大會還是繪畫比賽……
我現在滿腦子只想得到這些……而已……
算了，坐下吧。
真的很抱歉……
唉
明明寫了那麼多，幹嘛什麼都不說啊？
嘻嘻
什麼？
可惡
一臉得意

今天大家提出的企劃案，有幾個還可以。
嘿嘿
不過，那些企劃我早就聽過了！
心驚
我知道大家平時工作都很忙，
可是，這次的新服務對本館將來的發展是很重要的事，希望各位銘記在心。
下次的會議是兩週後。
到時候讓我看看各位認真的表現！

我得小心那個人。
……話說回來，光靠我一個人，實在想不出什麼好點子。
怎麼辦才好……
啊哈哈
他們是水族生活課的人……
SHINE SEA WORLD
……！

那個，森戶先生。
嗯？
水族生活課 主任 森戶利昭
之後要使用大量的水喔。
了解，我確認好了。
真抱歉，有什麼事嗎？
不好意思，關於……剛剛的企劃會議。
會議？
我在思考企劃案的內容，
所以想請教實際負責飼育工作的森戶先生您寶貴的意見……
啊啊……
這樣的話……我倒是有個建議。

因為深澤小姐
不是海洋生物專家，
建議妳多方面思考
比較好。
多方面……？
比方說
名稱有趣的企劃，
譬如「飄飄展」
這樣的活動怎麼樣呢？
「飄飄展」……
飄浮
飄浮
飄浮～
一聽到飄飄，
妳腦子裡都是
「魟魚在水裡飄」
的樣子吧。
欸，
你怎麼知道！
對吧？
不過，
換作是我們飼育員，
說到飄飄就會想到……

五彩鰻（管鼻鯙）的泳姿喔！
這是什麼，好有趣哦！
而且這傢伙會隨著成長改變顏色和性別呢。
真假～
是不是很有趣呢？
真的超有趣！
所以說，深澤小姐妳思考的方向和我們不一樣比較好喔。
？
海洋生物的事我們最清楚，這些交給我們去想就好。
深澤小姐你們的話……不妨想一想水族館以外的事吧？
水族館以外啊……
要不要去找魚聞樂聊一聊呢……
……咦？
鬧哄哄
天啊!!

歡呼
我的天啊！
魚聞樂！
怎麼會出現在這裡!!
話說回來
戴著頭套潛水
真的沒問題嗎？

魚聞樂！你在幹嘛啊？
喔喔，從水槽裡看到的水族館也是個不錯的賣點嘛！
不是這樣啦！
因為我想更深入地了解水族館嘛。
所以參加了打掃水槽的活動囉～
啊哈哈
這個人是怎麼搞的……
對了，YOU為什麼看起來那麼慌慌張張？
我……
……
原來如此，這樣的話……
請問這個週末妳有空嗎？
咦……

吉祥丘車站
他不會又那身打扮出現吧……
讓妳久等了~
讓妳久等了！
哇啊！好帥喔……
那麼，我們趕快出發吧！
好的！
他要帶我去哪裡呢~

相機
電腦
PC
電子
要看家電嗎……？
沒錯！
家電產品隱藏著許多思考企劃的重要提示，就像魚卵那樣多哦。
魚卵……
例如，打算改良產品的時候，首先要思考什麼？
嗯～
增加新功能之類的……？
通常是那樣，
但那麼想只會讓思考變得愈來愈狹隘，無法創造嶄新的產品。
為了避免那種情況，必須改變觀點。
清新
牙刷
就拿這個電動牙刷來說，
正因為它徹底顛覆了某件事，所以變成熱賣商品。
那麼，妳覺得是顛覆了什麼呢？
……顛覆？
動作相反之類嗎……？
嘰嘰嘰

答案是……
「在家用」（早晚用）
改成完全相反的
「外出用」（日用）
就是這樣而已！
家中洗臉台
辦公室或餐廳等場所的化妝室
欸……是喔！
以往為止在家使用的電動牙刷，
都是比其他競爭對手加強刷力！加快速度！只想著創造產品本身（What）的差異性。
可以刷得更快！
不不，要加強刷力！
嘰嘰嘰
然而某天，那家公司的女員工在公司廁所裡想到一件事，
我們明明是賣電動牙刷的公司，怎麼反而都沒人用呢？
這個簡單的疑問！
聲說
就是造成熱賣的契機！
喔喔～
暫時放下以往的價值觀，想想外出用的牙刷怎麼做比較好。
也就是說……
需要的是這些！
速度
輕巧
尺寸小

電動牙刷
What（做什麼？）
性能更好的牙刷
從想要什麼功能（What）的觀點，
只注重商品本身
Where（在哪裡使用？）
When（何時使用？）
在家用（早晚用）
徹底顛覆！
外出用（日用）
拋出「在哪裡使用」、「何時使用」之類本質性的「問題」……
在哪裡？
何時？
哇！
魚眼?!
視野變寬廣了！
就會不斷改變且擴展觀點，成功發掘出有別以往的全新價值囉！
所以才會變成這種可以收在化妝包的大小啊……
如果進一步擴展視野，還可以開發魚用的牙刷喔～
電動
Who（為了誰？）
成人用
兒童
Who（誰使用？）
動物（魚、貓狗
對耶！
接下來去喝杯好喝的咖啡，邊喝邊聊下一個重點吧！
贊成！

這裡是……
這個地方大大顛覆了一般人對書店的概念。
在廣大的腹地開書店、咖啡廳、家電、寵物店等各種店家，
然後用綠意盎然的步道將這些點全都串連起來。
書店
家電
寵物店
咖啡廳
這裡已經形成一個小鎮。
這裡已經不只是書店那麼簡單的地方了呢。
就是這個!!
咦!
緊握
我們走吧。
咦~

衝——
來來來
再來來來
我吃不了那麼多甜點……
快來坐下
往前推
這裡是徹底拋開「場所」（Where）的概念而誕生的地方！
好累
累死我了
確實完全不一樣……
現在「書店」＝「看書享受人生的場所」（不買也行，可以在店裡翻閱）
對吧？
以前「書店」＝「買書的場所」（不能在店裡翻閱）
！
偷聽
重要的是
先別管做不做得到，
首先使用5W1H來延伸問題。
等一下！
可能？
誰？
為何
何時？
何地？
什麼？
怎麼做？
然後再接著……

戴上
思考完全相反的事!!
等一下！
你在做什麼？
竟然在這種地方!!
嚇呆
在時尚的咖啡廳裡戴上魚頭套，看到的景色也會截然不同哦！
大家都在看你了！
別站起來
這就是發現新價值的訣竅！
好好好，我知道了！
快拿掉頭套!!
現在妳知道怎麼思考了嗎？
其實我還想再多戴一會兒……
是，是的，我已經明白了。
拜託你快把頭套收起來……
那麼，就讓我們來實踐看看吧！
現在？

企劃主題
以往的做法？一般的做法？
相對概念
新的創意？
When
只有白天開館
假日為主
早上9點開館
花數小時參觀
Where
地上（蓋在有人住的地方）
都市／街上
人們固定會去的地方
人潮通行的場所（沿路）
Who
勞工世代為主
家庭客為主
小學生以上為主
日本客人為主
來館者
人看魚
為了體驗刺激興奮的感受
純欣賞
「哇啊！
邊
無餐飲
多樣化的海洋動
種類固定的海洋動
接下來請在5分鐘內填完空白部分。
咦，這麼突然?!
預―備
開始作答！
驚呆
慌慌
張
這麼多
我看看……相反的立場
加速
先別管實際上做不做得到……
……
埋頭
狂寫
好，時間到！
呼~
累趴
妳寫了多少？
我盡力把全部都寫完了。

	以往的做法？一般的做法？	相對概念	新的創意？	企劃主題
Why	為了體驗刺激興奮的感受	⟷	為了放鬆療癒	舒壓水族館
	純欣賞	⟷	不只看，還能釣來吃	現釣水族館
	「哇啊！」覺得很棒	⟷	「啊～」感動到想哭	催淚故事水族館
How	邊走邊看	⟷	邊搭乘邊看	搭車探險水族館
	無餐飲服務觀賞	⟷	提供餐飲	咖啡吧（立食）／俱樂部水族館
What	多樣化的海洋動物	⟷	特定物種（水母、淡水魚、深海魚等）	單一水族館
	種類固定的海洋生物	⟷	包含動物、鳥類、菌類	諾亞方舟館
	成魚為主	⟷	卵或幼魚為主	小可愛的魚水族館
	活魚	⟷	假魚（影像）	虛擬水族館
	活體、生態	⟷	性態、標本	大人的水族館

※鰤魚是一種分布於台灣、日本附近海域的魚，又被稱為青甘鰺、青魽、青甘。

	以往的做法？一般的做法？	相對概念	新的創意？	企劃主題
When	只有白天開館	⟷	晚上開館	夜間水族館
	假日為主	⟷	平日為主	用於學習、工作的水族館
	早上9點開館	⟷	開到早上9點	早晨充電水族館
	花數小時參觀	⟷	花數十分鐘參觀	短暫打發時間的迷你水族館
Where	地上（蓋在人類住的地方）	⟷	海上或海中（蓋在魚棲息的地方）	海中水族館
	都市／街上	⟷	鄉下／深山裡	深山溫泉型療癒水族館
	人們固定前往	⟷	水族館主動出擊（移動）	移動水族館
	人潮通行的場所（路旁）	⟷	能夠停留的場所	飯店水族館
Who	勞工世代為主	⟷	銀髮族為主	釣魚解憂水族館
	家庭客為主	⟷	商務人士為主	接待洽商用（附午餐）水族館
	小學生以上為主	⟷	嬰幼兒為主	提供遊樂場所的幼稚園水族館
	日本客人為主	⟷	國外客專用（跺線團）	接觸日本海洋生物的水族館
	來館者	⟷	其他水族館	提供介紹其他水族館的服務
	人看魚	⟷	人被看（下水游泳）	和魚同游的泳池水族館

嗯？鰤仔？小鰤……？
什麼意思……？
接下來是最後囉。
讓我再告訴YOU一個非常重要的重點。
魚體樂～小鰤是什麼？

我要說最後一個重點了。聽好喔！
眨眼
那就是擺脫先入為主的觀念！
STOP! 先入為主
嗬呼
記住這點，YOU就會變成大鰤囉!!
其實我沒有想變成大鰤啊。
這是大白鯊，你對牠有什麼印象？
看起來好可怕！
不，是真的可怕，牠們會吃人啊。
看吧先入為主！
什麼？
嘿嘿
妳必須拋開那樣的觀念才行。

雖然牠們看起來很兇狠，其實鯊魚「非常神經質」喔！
啊！被抓到了……
我好怕
直打哆嗦
全身發抖
我不行了
覺得害怕的時候就會嚇到皮皮剉！
昏倒
咦～牠們那麼膽小喔！
是啊，大白鯊牠就是那麼地敏感脆弱……
有沒有覺得怦然心動呢？
好萌好萌～♡
手舞
這傢伙……
妳記住了嗎？透過5W1H不斷擴展思考範圍，
拋開先入為主的陳腐觀念，用相反的立場去思考！
這些重點要記得好好利用喔！
燦笑
好的！
……

透過5W1H擴展思考的範圍

被要求提出企劃或點子的時候，我們總會從具體的細節開始思考。

例如，「試著改善製品的樣式」「增加新的服務」……等等。

可是，執著於那些事，只會讓思考變得愈來愈狹隘，想不出什麼好點子。

就算能在性能或價格上做出差異，其他公司也會群起仿效，沒多久就被追上了。

為了擴展思考範圍，必須暫時捨棄那樣的做法，從別的角度重新了解現有的製品或服務。這時候，**5W1H**就是有效的思考工具。

何時、何地、誰、為何……透過這些「提問」產生新的見解。

譬如漫畫中提到的電動牙刷，在思考過程中延伸出「優化（品質）」、「增加（功能）」兩種截然不同的想法（請見下頁圖示）。

利用**5W1H**幫助思考，就會創造出前所未有的嶄新價值的製品或服務。

擴展「牙刷」的製品範圍

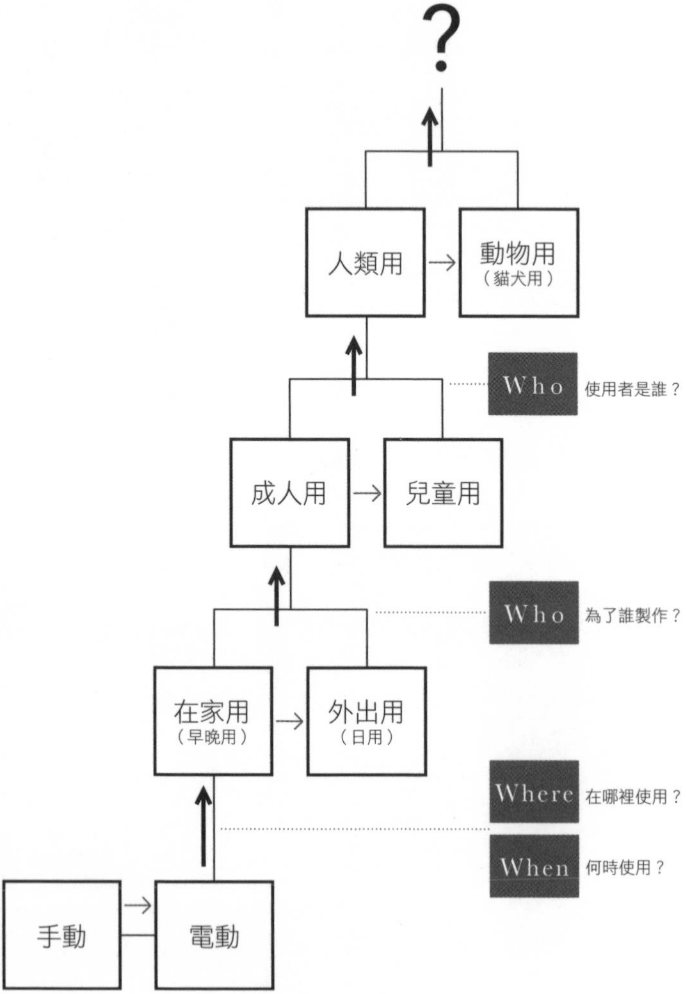
?
人類用
動物用
（貓犬用）
Who
使用者是誰？
成人用
兒童用
Who
為了誰製作？
在家用
（早晚用）
外出用
（日用）
Where
在哪裡使用？
When
何時使用？
手動
電動

尋找身邊暢銷商品的祕密

就像漫畫中提到的諸多例子，能創造出暢銷商品或服務的發想，那些獨一無二的創意並非只出自少部分的天才。

分析商業的成功事例，其實很多只是稍微改變商品或服務的既有價值。光是那麼做就能創造出前所未有的有趣商品或服務。

接下來，再為各位介紹另一個例子。

於二〇〇五年開辦，每年舉辦兩次的東京女孩時尚秀（Tokyo Girls Collection）是以年輕女性為對象的時尚秀。這個活動會邀請多位明星名人參與表演，在年輕女性之間廣為人知。

利用**5W1H**進行分析，可以清楚了解這個活動與一般時尚秀的差異。本質性的差異在於，時尚秀的關係人士及關係性。「誰為了誰（基於什麼目的）提供」＝Who和Whom。

巴黎時裝週等一般時尚秀主要是「一流服飾品牌的設計師」為了「少數特定的時尚專業人士（採購或媒體）」舉辦「（免費）發表作品」的活動，而東京女孩時尚秀則是「休閒品牌的創作者」為了「多數不特定的一般人（多為15歲～20多歲的女性）」舉辦「（收費）販售服飾」的活動。

東京女孩時尚秀的分析

	一般時裝秀		東京女孩時尚秀
Who	一流服飾品牌的設計師	→	休閒品牌的創作者
Whom	少數特定的時尚專業人士（採購或媒體）	→	多數不特定的一般人（多為 15 歲～20 歲的女性）
Why	介紹服飾	→	販售服飾
Where	小規模的會場	→	大規模的體育場或競技場
How	平靜的背景音樂搭配模特兒走秀	→	現場表演形式 模特兒或藝人的歌舞等

再進一步比較，目的（Why）並非「介紹服飾」而是「販售服飾」，場所（Where）不是小規模的會場，而是大規模的體育場或競技場。

而且，呈現方式（How）也不是平靜的背景音樂搭配模特兒走秀，而是邀請年輕女性喜愛的藝人或模特兒現場表演脫口秀或歌舞的形式，藉由多種管道發布傳送，透過手機網站也能購買服飾。

利用**5W1H**的要素發現並整理相對概念，就能找出與既有事物的本質性差異或成功的理由。

各位喜愛的商品或服務一定都有意想不到的用心蘊含其中，請試著用**5W1H**的觀點分析看看。

練習提出大量的點子

了解如何激發好創意後，請各位也試著提出點子。任何主題都可以，和本書主角理惠一樣選擇水族館也可，或是動物園、美術館，喜歡的商品或服務、活動、娛樂資訊。

不要去想「有沒有可能實現」、「需要多少投資額」之類的事。別考慮太多，用輕鬆的心態面對，以在5分鐘內想出15個以上的點子為目標。

先讓自己習慣有意識地活用**5W1H**的問題激發創意。

雖然最後只會選出一、兩個比較好的點子，在那之前，在短時間內提出大量的點子是很重要的事。放鬆心情，用玩遊戲般的感覺去想就好。

以水族館為例，分析完**5W1H**得到的具體方法是：

「將什麼改變成什麼」（○○→△△）

最後做出了：

「企劃主題」（改變成怎樣的水族館、加入「△△水族館」之類的宣傳語）

這樣的結論。

這時候，盡量試著朝相反的立場思考。捨棄先入為主的觀念，大膽地設想。

例如，把「花一天的時間」參觀變成「只花十分鐘」而非「半天」。於是，就能擴大思考的範圍，激發出更多創意。

利用 5W1H 激發新創意

	以往的做法？ 一般的做法？		新的創意？	企劃主題
When	只有白天開館	⟷	晚上開館	夜間水族館
	假日為主	⟷	平日為主	用於學習、工作的水族館
	早上 9 點開館	⟷	開到早上 9 點	早晨充電水族館
	花數小時參觀	⟷	花數十分鐘參觀	短暫打發時間的迷你水族館

「以往一般的水族館都是〇〇」

⟷

「新的水族館是△△」

清楚表達兩者的「差異」，想法就會變得明確。如上圖所示，建議各位用便條紙或筆記本記下來。

本章重點整理

- 從「性能或價格以外」的觀點進行思考
- 試著分析商業的成功事例
- 練習提出大量的點子

第3章

利用5W1H 發表簡報，說服對方！

啊——
那天之後，理惠她——
天啊好可怕!!
一直去水族館以外的場所蒐集企劃的點子——
啊
啊
啊
啊
超恐怖極速
DADA
同事們
腿軟
體感刺激
深澤小姐，有得到靈感嗎？
如果能在水族館體驗這種刺激，客人應該會覺得很新奇，
不過我們沒有經費蓋這種設施吧……
苦笑……
下一攤——!!
咻

※魚博士本名宮澤正之，是日本男藝人、插畫家，同時也是知名的魚類研究者。

好想讓很多人來這家水族館，
來的人如果都能夠笑容滿面……
理惠妳沒事吧？
我愛理惠。
我的理惠。
我的才對。
胡說是我的。
要是理惠變成魚就好了。
誰都沒有做過的事會是什麼……

大家……
我……該怎麼辦才好……
理惠靠近了。
你過去一點啦！
你才閃邊！平常都躲在裡面不出來。
你快點回答她。
你才趕快回答她。
我想不到方法。
走近
散開
!!
奇怪？大家怎麼都不見了？
……

第三次
新服務企劃會議
基於競爭對手或客人的需求，
我想要提出以兒童為目標的「新型態海底學校」這個提案。
騷動
這麼一來也能有效地活用館內的設施。
把水館族當成森林學校那樣可以住宿學習的地方，
抓住這種新的需求。
深澤換妳。
是，是的
我這次提出的企劃案是——
拿出

高舉
玩透透☆虛擬與真實的水族館一日遊！
以水族館為舞台的24小時解謎大冒險！
動搖
聽起來很有趣！
嗯……那要怎麼做？
那個……一般民眾無法實際進入海底，但是用ＶＲ影像就能體驗，
然、然後，請他們解答隱藏在館內的謎題，大致上是這樣的活動。
妳可以說得更具體一點嗎？
呃～先把這個眼鏡……啊，不好意思！
然後是，呃～在特定的場所……
語無倫次
結果出來了
這次是……

一週後
小西和深澤各自進行模擬簡報，當天再做出決定。
！
之後的幹部會議要發表誰的提案，
那天就是最終判斷日。
深澤
什麼事？

那天可別像今天一樣當成在玩扮家家酒喔。
扮家家酒……?
幹嘛幹嘛，難不成妳以為自己講得很好嗎？
我就坦白說了，妳那種發表方式
完全行不通！
嚴厲
!!
這傢伙憑什麼這樣說我！
啊，對了，妳可以像上次在咖啡廳那樣嘛。
……?

叫那個突然戴上頭套的男朋友教教妳吧？
!!
快點拿下來～
他怎麼會知道？
嘿嘿
心驚
……難道被他看到了……！
糟糕……
冒汗
……應該不會有事啦。
況且，他又不是男朋友。
還是趕緊準備簡報吧……

做好簡報的祕訣
怎麼做呢？
首先，必須從市場說明開始切入……
SHINE SEA WORLD
理惠，簡報準備得還順利嗎？
一想到我就胃痛……
啦啦～啦
神～奇無比的魚魚魚來～囉♪正～義的使者啊～♪
嚇呆
這是什麼怪歌啊？
我過去看一下喔。
SHINE SEA WORLD

打擊壞蛋保護水族館正義的國王！
超～嗆
我是帥氣的魚國王!!
他們是～活力十足護衛隊!!
護衛隊的動作再多一點的話，是不是比較好？
手像這樣啪啪啪啪地動一動上半身往後仰……
好啊好啊
魚聞樂你這次又是哪招啊……
哈囉～

怎麼啦～妳是特地來看我啊？好開心！
不是，我是聽到歌聲才來的。
其實啊，我想到讓表演更有趣的點子，
所以就試演給工作人員看看啦！
有趣的……點子啊。
……咦？奇怪了？怎麼沒看到妳的5W1H扇子，
妳已經學會了嗎？
慌張
不不不，還沒到那個程度。
不過，多虧你的幫忙，
我的企劃案被選入最終審查了。
喔～那真是太好了！距離成為真正的大鰤只剩最後一步了！
對、對啊。
可是……
我必須加緊練習怎麼做簡報，所以最近比較少用5W1H了。
……這樣啊？
……可以讓我聽聽看詳細的內容嗎？
眼睛一亮

會議室
魚聞樂聽到理惠那麼說，請她將簡報內容講給他聽聽看。
於是，兩人換個地方，開始進行簡報——
……以上是我的簡報內容。你覺得怎麼樣……？
實在不怎麼樣。
咦，真的？
說明理由前，我想請問一個問題。
為什麼YOU沒有使用到5W1H呢？
那個……不是想點子或思考事情的時候才用嗎？
大吼
大錯特錯！
啊！

做簡報的時候，5W1H也可以派上用場啊!!
居然沒用
敗給妳了
什麼？是這樣嗎？
能讓你輕鬆深入思考的最強工具5W1H，
也是能夠有條理地向對方表達意見的最強簡報工具啊!!
4本總共是9千日圓。
10000
買書之前應該先問你的……
哭哭
今天就讓我告訴YOU它有多好用吧。
微笑
真的可以嗎？那就拜託你了!!
在那之前快去把扇子拿來這裡動作快!!
遵命!!
衝——

空間・場所軸
Where
（何地）
Who
（誰）
剛剛聽了YOU的簡報，
確實詳細地說明了企劃的內容。
我是照著書上寫的去做。
不過，要說聽起來好不好懂的話，我只能說NO。
這樣啊……
我們來看看應該修改哪裡吧！
麻煩你了。
首先，是YOU的簡報的開場白。

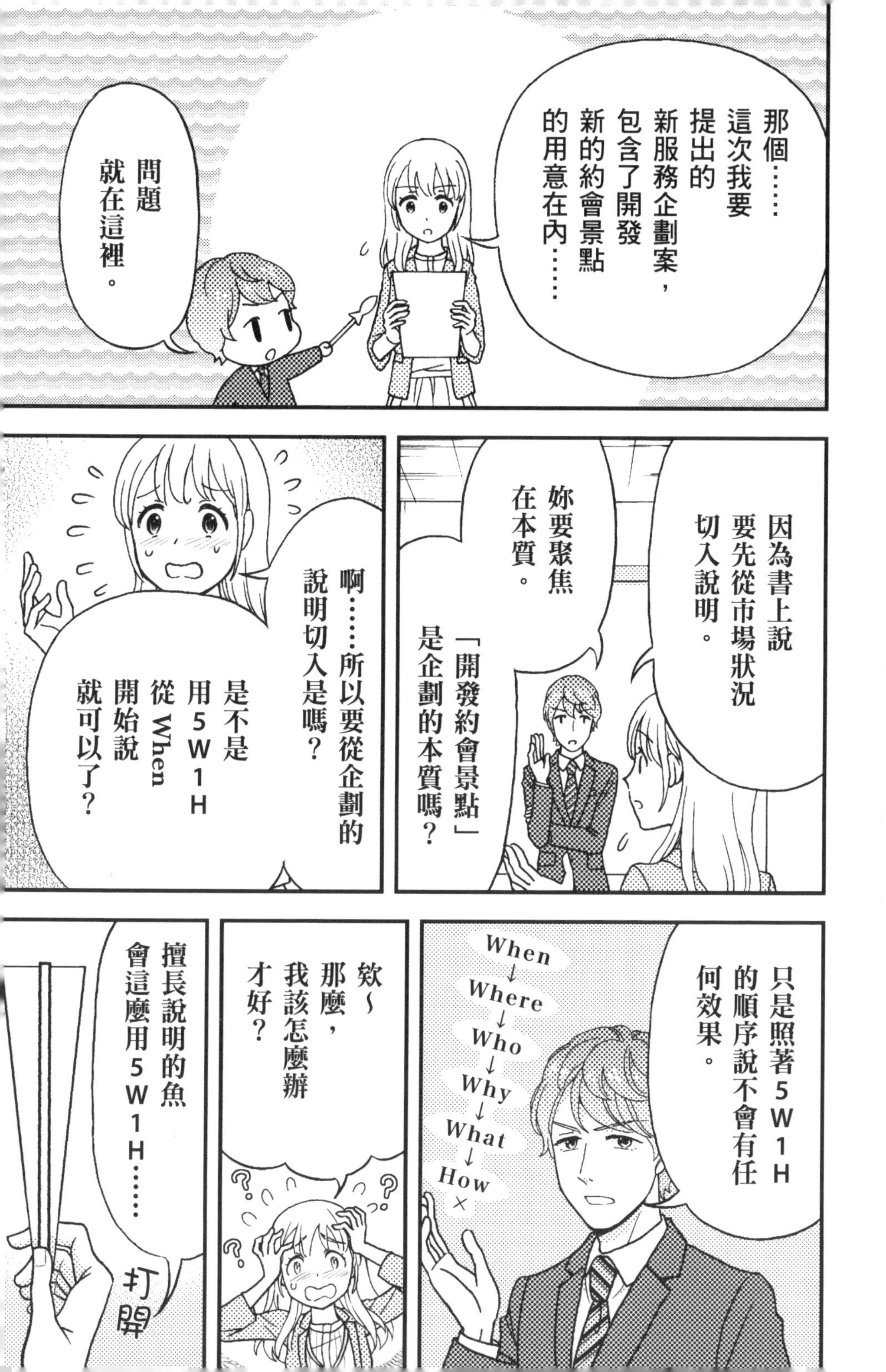
那個……這次我要提出的新服務企劃案，包含了開發新的約會景點的用意在內……
問題就在這裡。
因為書上說要先從市場狀況切入說明。
妳要聚焦在本質。
「開發約會景點」是企劃的本質嗎？
啊……所以要從企劃的說明切入是嗎？
是不是用5W1H從When開始說就可以了？
只是照著5W1H的順序說不會有任何效果。
When ↓ Where ↓ Who ↓ Why ↓ What ↓ How ×
欸～那麼，我該怎麼辦才好？
擅長說明的魚會這麼用5W1H……
打開

鏘
鏘
將這3點組合起來好好活用！
本質的
具體的
Why …為了什麼
What …做什麼
How …怎麼做
是說，魚不會說話啊。
事象・內容軸 Why（為何）
事象・內容軸 What（做什麼）
事象・內容軸 How（怎麼做）
所有的事都可以用以上3點進行說明。
哦——
Why：為了什麼？
What：做什麼？
How：怎麼做？
「你的話很難懂」或是「你到底想說什麼？」有些人會遇到對方這樣指正的情況，對吧？
提醒那些人，千萬別忘了這個簡報的基本形式喔！
好的
真不好意思像我就是……
如果把YOU的簡報套用這3點的組合……

看看這張圖，好懂的說明就是這種由上而下的構造。
Why：為了吸引更多客人來我們的水族館，而不是去其他水族館！
What：舉辦任何地方都沒有的虛擬＆真實的雙重體驗活動！
How：比其他水族館搶先導入VR眼鏡，製作影片！
從本質到具體……這樣的確很容易就記住了！
思考的時候或向別人說明的時候，請養成利用這3個要素的習慣。
Why
What
How
由上而下
3點組合
那麼，我要問妳一件事。YOU認為做簡報的目的是什麼？
目的？讓聽的人理解簡報的內容嗎？
好可惜！
當然妳那樣說也沒錯，但這個情況……

Q：做簡報的
目的是什麼？
A：「說服」對方，
讓對方展開行動！
重點不在「說明」，而是
「說服」才對!!
咦？請問哪裡不一樣呢？
？
說明＝向對方述說自己的主張
說服＝透過說明，讓對方認同你的主張
這就是字面上的差異！
嗯……？總之？
總之啊～

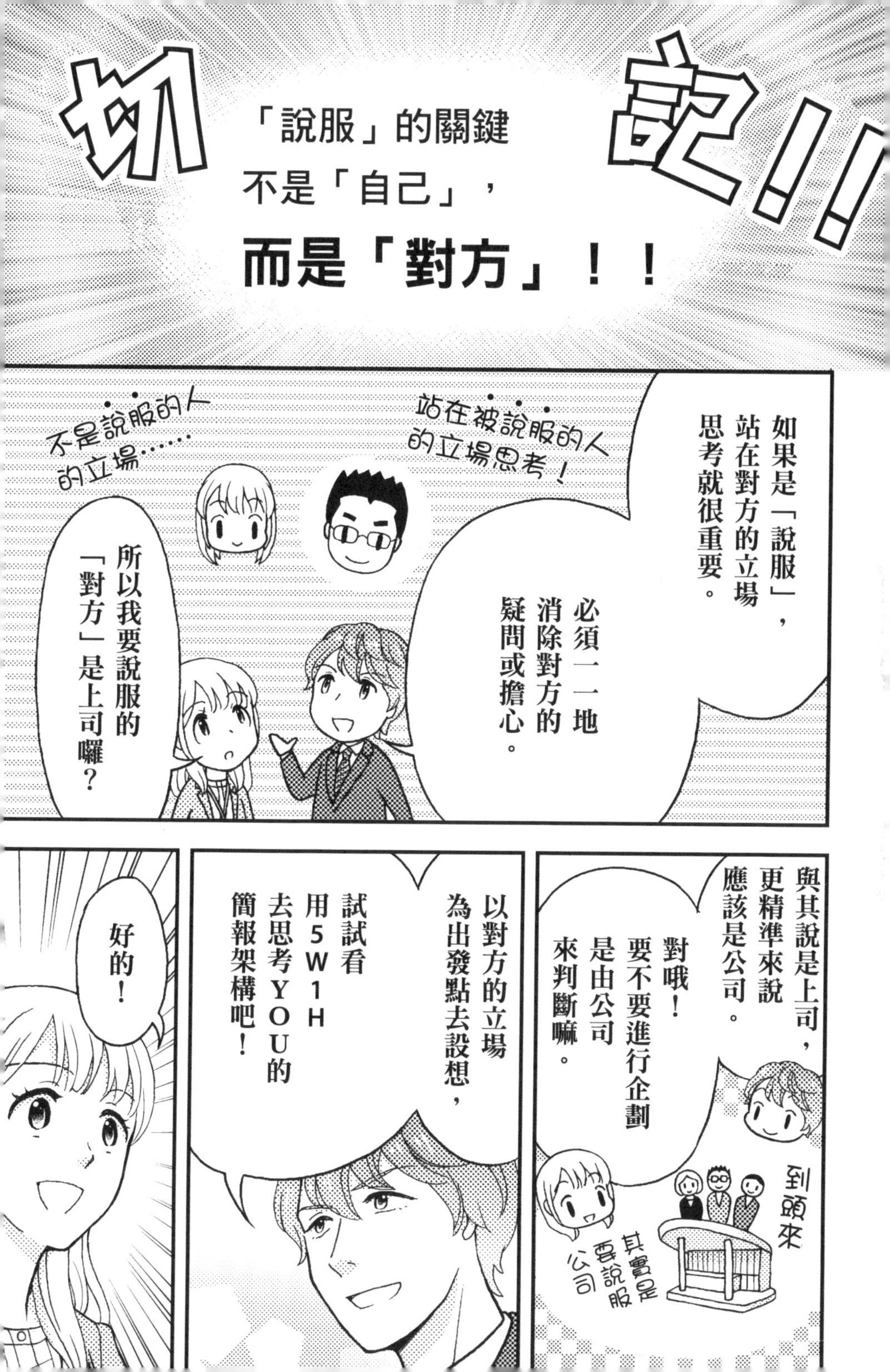
切
「說服」的關鍵不是「自己」，而是「對方」！！
記！！
如果是「說服」，站在對方的立場思考就很重要。
站在被說服的人的立場思考！
必須一一地消除對方的疑問或擔心。
不是說服的人的立場……
所以我要說服的「對方」是上司囉？
與其說是上司，更精準來說應該是公司。
對哦！要不要進行企劃是由公司來判斷嘛。
到頭來
其實是要說服公司
以對方的立場為出發點去設想，
試試看用5W1H去思考YOU的簡報架構吧！
好的！

用於說服的「Why－How」金字塔

What

玩透透！虛擬＆真實的水族館一日遊！
以水族館為舞台的24小時解謎大冒險！
（應該進行這個企劃）

Why	How
為何 要進行這個企劃？	如何 進行這個企劃？

哦～
先把想做的企劃寫在最上面，
接著分出「應該做那件事的理由」和「做法」這兩項。
然後開始深入思考，
這時候的重點是……
為何？
為何是現在？
為何是這個人？
為何是這個內容？
這就是幫助深入思考的「阿河」！
秀出河豚
你很冷欸。
抱歉，是「為何」☆
馬上被吐槽

應該進行這項企劃
Why
為何要進行這個企劃？
How
如何進行這個企劃？
Why-What
為何是這個內容？
Why-Who
為何選擇這個目標？
Why-When
為何是在這個期間、時間進行？
How-How
如何實行這個企劃？
其實啊，
對方在聽簡報的時候，心裡對於內容會產生
「真的是那樣嗎？」「為什麼那樣說？」之類的疑問。
如果不回答那些疑問，對方不會認同，也就不會展開行動。
為何是這個目標？
為何是這個內容？
如何做？
的確，對方不認同就會感到排斥……
所以想讓簡報成功，說服對方行動的話……
成功
OK！決定了！

就要站在對方的立場檢視自己的簡報內容，
持續去想「為什麼？」一個一個地消除疏漏喔！
Why-What
為何是這個內容？
是VR嗎？
為何是24小時？
為何是解謎遊戲？
以「為什麼」這個觀點去確認，並匯整內容，
自然就會做出容易說服對方的簡報囉！
真棒！
最後就是充滿自信地在大家面前發表。
魚聞樂……
5W1H解決了YOU的危機唷！
魚聞樂隨時都陪在大家身邊!!
謝謝你

使用VR眼鏡的活動，目前為止其他水族館還沒辦過……
兩人都很認真地準備各自的簡報。
我用1天的飼料賭小西贏。
贏的人一定是理惠！我跟你賭2天的飼料
你居然選那個超級討厭鬼
不不～我覺得理惠她沒辦法啦
終於到了進行模擬簡報的當天——

會議室
嘿嘿嘿
我說妳，有沒有好好練習啊？
……小西前輩
驚訝
幹嘛？
怎、怎樣？
雖然我還有許多不足的地方，
但我很想實現這個企劃。
我、我也是好不好。
今天請你多多指教，我一定會全力以赴，
拜託你了。
鞠躬
喔，好啦……

為了有效使用館內的設施，
充分活用空檔時間……
哇啊
小西前輩的簡報真的很簡單好懂。
他果然很厲害……
透過和全國的學校合作，
除了穩定客源，也能獲得將來的顧客……
沒問題的！我已經用5W1H整理出簡單易懂的資料。
也很努力地練習做簡報。
……以上是我的簡報，感謝各位的聆聽。
掌聲此起彼落
接著換深澤。
好的。
加油，我辦得到的！
我的——

嗶
嗶
嗶
!!
森戶！
大水槽漏水了！
大家去拿抹布趕快到現場支援！
是!!

閥門已經關好了！
還有其他狀況嗎？
氧氣夠不夠？
仔細檢查喔！
啊～急死人了
七嘴
上次也是這樣呢……
八舌
現在這種氣氛，大家會靜下來聽我的簡報嗎……
鬧哄哄
深澤，深呼吸一下。
咦？
冷靜下來好好簡報。
可以吧？
是！

理惠重新發表簡報——
為什麼我們水族館需要進行這個企劃呢？
接下來由我為大家說明。
理惠的簡報內容很有趣。大家都忘了剛剛發生的事，專注在她的內容。
……我相信這個企劃能夠為我們的水族館注入新的活力。
以上是我的簡報，感謝各位的聆聽。
這一個星期，你們兩個都很努力地完成了簡報。
辛苦了。
那麼……我來宣布結果。

兩個都是很好的企劃。
所以，乾脆合併成一個企劃在幹部會議上發表。你們覺得如何？
是！
讚喔！

幾個月後
SHINE SEA WORLD
人聲鼎沸
大排長龍
和魚博士
住一晚學習的
海底學校
和魚博士
住一晚學習的
海底學校
報名處
往這裡⇨
各位都能進場，請不要推擠喔！
詳細說明請參考這個簡章。
沒想到反應那麼熱烈。
對啊！開心到想大叫～
啊！是魚聞樂！

魚聞……
脫下
欸？
哪位？
欸？
咦？
你是？
嗯？
請問有什麼事？
表演時間到了嗎？
不不……
請問你就是
魚聞樂嗎？
是啊……
不好意思，
我之前
休息了一陣子。
理惠啊，
你的大鰤（師）之路
今後才正要開始喔。
好好加油！

利用5W1H組構簡單易懂的簡報

工作不是只有完成別人的指示，需要自己思考提案、提出建議讓別人去做的情況也會愈來愈多。也有人會像理惠一樣突然得在正式場合發表簡報。

這時候，就算你說明了概略的內容，如果漏掉「為何要做這件事？」的基本部分，就很難產生說服力。若最後無法獲得對方的認同與協助，等於是白忙一場。

另外，還在適應階段的人，經常一下子放入太多資訊，或是過度使用專業知識或工具，反而讓內容變得難以理解。

其實，許多列出大量數據資料或分析圖，乍看之下非常專業的簡報，往往只是虛有其表，並無法讓聽眾馬上理解。

這時候，**5W1H**也能派上用場。這個強力幫手能夠提供你扎實的「論點組合」，做出有效說明或說服力十足的架構。除了簡報，職場上需要說明或說服的場合，各種溝通皆適用**5W1H**。

表達方式有許多種，像是口頭發表、電子郵件、書面資料或網站……等。對象除了自己的部門、其他部門、經營者等公司內部人士，也有顧客或供應商、合作夥伴等外部人士，但基本形式都是相同的。

不過，光是死板地照著**5W1H**的「When（何時）？」「Where（何地）？」「Who（誰）？」「Why（為何）？」「What（做什麼）？」「How（如何做）？」說明，無法產生太大的效果。

那麼，應該怎麼做呢？
接下來讓我們一起複習漫畫中介紹的兩種方法吧！

成為說明高手的 Why-What-How

想向某人清楚說明某件事時，重點是利用5W1H的架構掌握本質，加以組合，建立強而有力的邏輯。

「Why-What-How 三要素」的組合是最適合用來溝通的思考架構。因為任何事都能用這三個要素說明。

經常被質疑「你的話很難懂」，或是被問到「為什麼那件事很重要？」「這個資料的重點到底是什麼？」的人，請先記住這個基本形式。

用於說明的「Why-What-How」

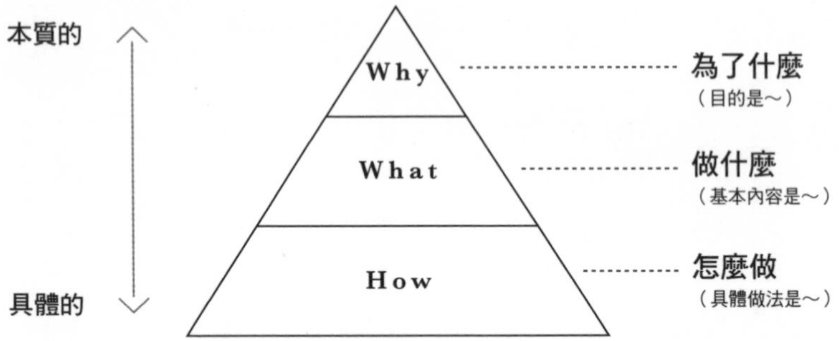
本質的
具體的
Why
What
How
為了什麼
（目的是～）
做什麼
（基本內容是～）
怎麼做
（具體做法是～）

說明的時候，不要突然進入複雜的How，而是以Why→What→How的構造依序表達。透過這個三層構造整理思緒，養成思考架構化的習慣很重要。

無論是口頭或書面說明，先概略寫出內容架構，逐一填入想說的話。像左頁那樣的架構化說明，效果會很好。

清楚易懂的「架構化」說明

A公司與競爭對手B公司的戰略說明。

另一方面，

	A公司	B公司
Why（目的是～）	A公司的事業目的，簡而言之就是「擴大營收規模」。	B公司比起營收，更重視的是「提升利潤」。
What（基本內容是～）	加強各種「銷售管道的關係構築力」，將此視為競爭優勢的源頭。	競爭優勢的源頭是「商品的品牌力」。建立強力的品牌，維持提升其價值，確保利潤率。
How（具體做法是～）	成立不同銷售管道的組織，盡快完成各管道要求的製品，透過大規模的物流中心與出貨的業績評價系統，建立及時大量出貨的體制。	成立不同品牌的組織，透過可快速生產暢銷商品的供貨管理系統，以及店面銷售額的業績評價系統，建立維持價格、盡可能減少存貨，避免利益虧損的體制。

兩者呈現對比的戰略。

說服對方的 Why-How 金字塔與3W

了解如何向對方清楚說明的方法後，接著是說服對方的方法。不過，「說明」與「說服」的差異是什麼呢？

商場上的「說服」是指「促使對方去做某種行動」。清楚表達說服的內容固然重要，但說動對方實現自己的主張才是重點。

因此，獲得對方的認同，說動對方採取行動才算達成目標。「說服」的關鍵是站在對方的立場思考，以對方的疑問或懸念為前提進行說明。

用於說服的「Why-How」金字塔與 3W

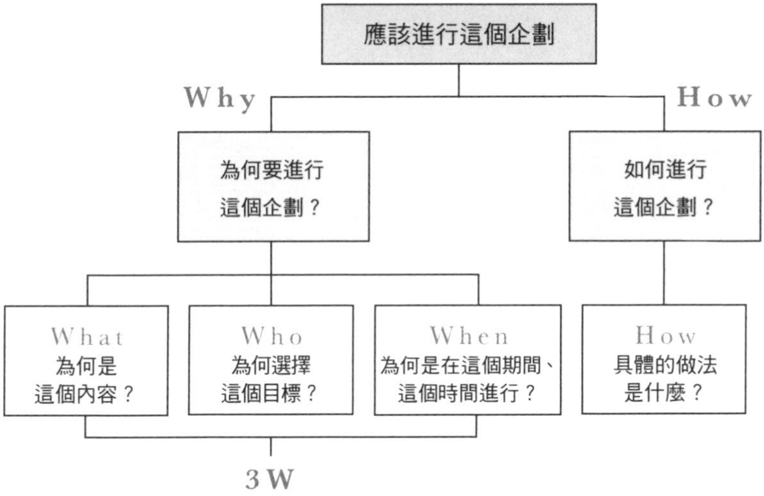
應該進行這個企劃
Why
How
為何要進行這個企劃？
如何進行這個企劃？
What
為何是這個內容？
Who
為何選擇這個目標？
When
為何是在這個期間、這個時間進行？
How
具體的做法是什麼？
3W

請務必記住「Why-How 金字塔」這個基本形式。

說服對方的時候，像是提出「應該進行這個企劃」的提案或主張的場合，有兩個必須掌握的論點。

・Why「為何要進行這個企劃？」
・How「如何進行這個企劃？」

必須要有好幾個讓對方不由得認同的觀點。那就是上圖所示的 3W：What、Who、When。

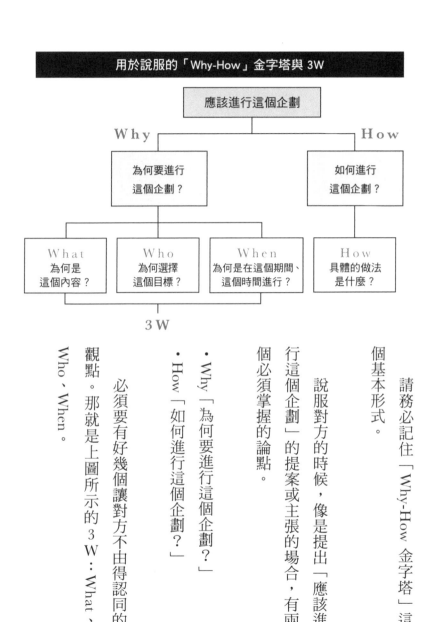

假設上司突然找你，對你說「別再做手邊的工作，趕快處理我交代的工作」，你心裡應該會產生這些疑問吧。

・What「為何（不是其他）是『這項工作』？」
・Who「為何（不是他人）是『我』？」
・When「為何（不是其他時間）是『現在』？」

是否能得到你認同的答覆將大大地左右你的工作意願。如果覺得自己的主張或提案缺乏說服力，或許就是漏了3W（的其中一項）。

除了簡報，日常對話、電子郵件、書面資料等各種溝通都能藉由「Why-How 金字塔」＋「What、Who、When 的3W」獲得改善。

左頁是理惠簡報的「Why-How 金字塔」圖，請各位參考看看。

理惠簡報的詳細內容（所需時間 10 分鐘）

應該進行這個企劃

玩透透！虛擬＆真實的水族館一日遊！
以水族館為舞台的24小時解謎大冒險！

Why
為何要進行這個企劃？

徹底活用本水族館的強項與淡季、空檔時間，館內其他娛樂設施一起配合，吸引更多客人前來。

How
如何進行這個企劃？

比其他水族館搶先導入VR眼鏡，製作影片，策劃遊戲性與冒險性兼具的表演。

What
為何是這個內容？

・無法只從「海洋動物的美」、「影像的震撼力」獲得滿足，尋求「療癒」與「刺激」的使用者急速增加。

・關鍵字是「24小時，學得徹底，玩得痛快！」

・能夠充分活用本館的強項，譬如其他水族館學不來的水族生活課的深厚知識、美麗的水槽展示空間等。

Who
為何要選擇這個目標？

・鎖定活動力、影響力高的年輕情侶或家庭客群，透過社群網路的評價降低成本，擴大市場。

When
為何要在這個時期、時間進行？

・淡季是1～3月和9～11月，各自以「雪」以及「楓葉」為主題增加來客數。

・因應「夜晚健康娛樂」的大量需求，讓客人開心玩一整天。

How
具體的做法是什麼？

・企劃課和設備課盡快組成導入VR眼鏡與製作影片的專案小組。

・企劃課委託魚博士製作「魚難問」的問題。

・水族生活課準備「魚謎問」的問題、幕後之旅的企劃等。

3W（What、Who、When）

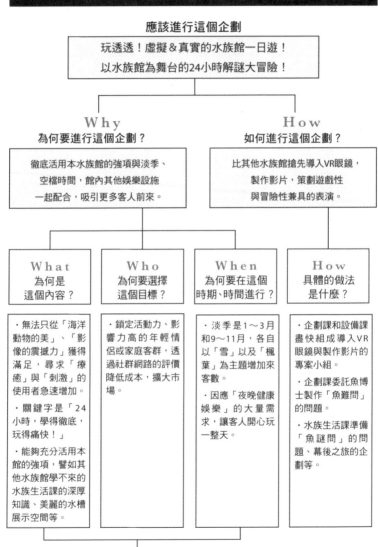

本章重點整理

- 5W1H也可用來說動對方
- 成為說明高手的 Why-What-How
- 成為說服高手的 Why-How 金字塔與3W

結語

感謝各位讀完本書。

近來頻頻倡導工作方式的改革，主張「更有效率！更有創造力！」的聲浪在社會上日漸升高。

置身於複雜的商業環境與資訊洪流之中的我們，很容易因為不知道該學習什麼，而失去了思考的能力。本書的主角理惠以前也是這樣……

不過，愈是這種時候，愈需要簡單確實地思考事情。

5W1H根據不同的用法，能給予我們提高思考能力的智慧與助力。

書中所介紹的活用5W1H的情況及方法只是其中一部分，它蘊藏著無限的可能性。

在工作或生活中積極使用5W1H，就能創造出專屬於你的各種組合或活用法。

相信各位也能像理惠一樣迎向美好的未來。

渡邊光太郎

2018年11月

[附錄]　5W1H 扇子

影印本頁後，將圖剪下，貼在厚紙上，
便可自由地使用。

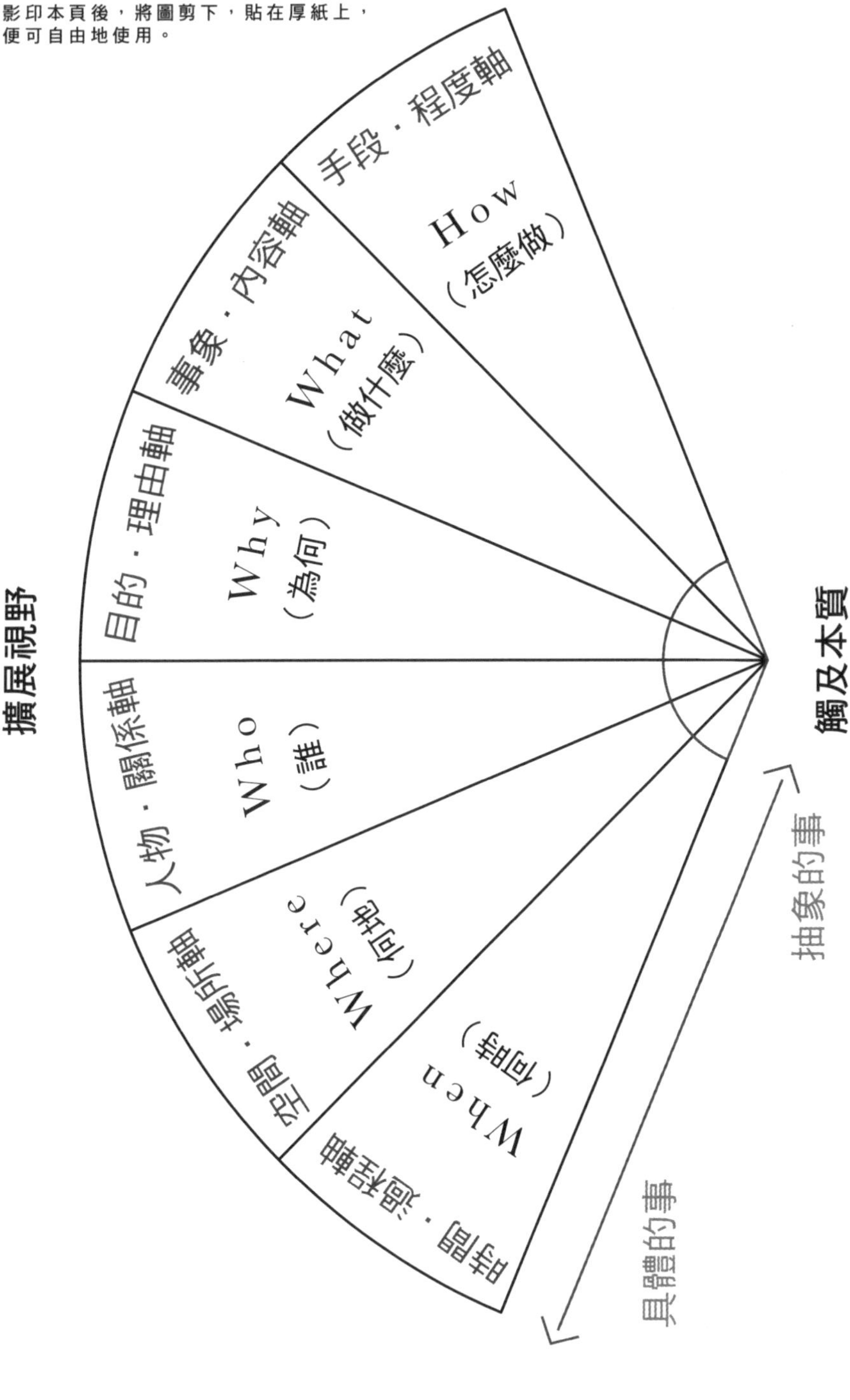
擴展視野
觸及本質
手段・程度軸
How（怎麼做）
事象・內容軸
What（做什麼）
目的・理由軸
Why（為何）
人物・關係軸
Who（誰）
空間・場所軸
Where（何地）
時間・時機軸
When（何時）
抽象的事
具體的事

野人文化
讀者回函卡

姓　名　　　　□女 □男　年齡

地　址

電　話　　　　手機

Email

□同意 □不同意　收到野人文化新書電子報

學　歷 □國中(含以下) □高中職 □大專 □研究所以上

職　業 □生產/製造 □金融/商業 □傳播/廣告 □軍警/公務員
□教育/文化 □旅遊/運輸 □醫療/保健 □仲介/服務
□學生 □退休 □自由/家管 □其他

◆你從何處知道此書？
□書店 □書訊 □書評 □報紙 □廣播 □電視 □網路
□廣告 **DM** □親友介紹 □其他 ____________________

◆你以何種方式購買本書？
□書店：名稱 ____________ □網路：名稱 ____________
□量販店：名稱 ____________ □其他 ________________

◆你的閱讀習慣：
□親子教養 □文學 □翻譯小說 □日文小說 □華文小說
□藝術設計 □人文社科 □自然科學 □商業理財 □宗教哲學
□心理勵志 □休閒生活（旅遊、瘦身、美容、園藝等）
□手工藝／**DIY** □飲食／食譜 □健康養生 □兩性
□文書／漫畫 □其他 ______

◆你對本書的評價：（請填代號，1. 非常滿意　2. 滿意　3. 尚可　4. 待改進）
書名 ____ 封面設計 ____ 版面編排 ____ 印刷 ____ 內容 ____
整體評價 ____

◆你對本書的建議：

野人文化部落格　http://yeren.pixnet.net/blog
野人文化粉絲專頁　http://www.facebook.com/yerenpublish

廣 告 回 函
板橋郵政管理局登記證
板 橋 廣 字 第 143 號

郵資已付 免貼郵票

野人

23141
新北市新店區民權路108-2號9樓
野人文化股份有限公司 收

請沿線撕下對折寄回

野人

書號：0NFL0194